广东省东江林场野生观赏花卉

崔晓东 徐晔春 主编

中国林业出版社

图书在版编目（CIP）数据

广东省东江林场野生观赏花卉 / 崔晓东，徐晔春主编 . -- 北京：中国林业出版社，2021.12
ISBN 978-7-5219-1446-7

Ⅰ.①广… Ⅱ.①崔…②徐… Ⅲ.①野生观赏植物—介绍—博罗县 Ⅳ.① S58

中国版本图书馆 CIP 数据核字 (2021) 第 256963 号

责任编辑：王思源　李　顺
出版咨询：（010）83143569

出　版：中国林业出版社（100009 北京市西城区刘海胡同 7 号）
网　站：http://www.forestry.gov.cn/lycb.html
印　刷：北京博海升彩色印刷有限公司
发　行：中国林业出版社
版　次：2021 年 12 月第 1 版
印　次：2021 年 12 月第 1 次
开　本：787mm×960mm　1 / 16
印　张：20.5
字　数：200 千字
彩　图：1200 幅
定　价：298.00 元

《广东省东江林场野生观赏花卉》编委会

顾　　问：朱根发

主　　编：崔晓东　徐晔春

副 主 编：陈耀辉　杨焕豪　叶远俊　许伟兵

参　　编：（按姓氏笔画为序）

于　波　马伟标　王伟璇　甘惠文　叶榕标

刘小飞　刘金梅　孙映波　李冬梅　李保彬

杨焕山　杨焕忠　利寿东　张　愉　张宋英

陈　树　钟浪彬　钟赞明　唐志强　黄北水

黄立新　黄丽丽　曾超纯　谭健俊　黎惠才

潘俊光

序 言

  2021年10月12日，习近平总书记在《生物多样性公约》第十五次缔约方大会领导人峰会上指出："生物多样性使地球充满生机，也是人类生存和发展的基础"。广东省东江林场创建于1956年，位于东江中游东岸，地跨5个镇、23个行政村，林场内生态环境优美，生物多样性丰富，野生观赏花卉较多，部分具有特殊性及稀有性的植物保存较好。

  为了加强种质资源和生物多样性保护工作，东江林场与省农业科学院通过一年时间的野外调查监测，详细调查了林场4个工区的植物资源，摸清了观赏植物的分布地点及生境等有关信息。调查发现了国家二级保护植物金毛狗、金线兰及《濒危野生动植物种国际贸易公约》（CITES）附录兰科植物如黄兰、深裂沼兰、橙黄玉凤花等10种，还发现了吻兰、小花青藤、齿萼薯、阿宽蕉、东南石山苣苔、龙岩杜鹃、蓝树、老虎刺、大柔术等野生居群紫金县新记录植物。其中，七寨崆瀑布群的沟谷中有5种紫金新分布植物，多种珍奇植物和谐生长，寄树兰、阔叶沼兰、弯果

奇柱苣苔、谷木、蓝树及小盘木等常年开花不断。

《广东省东江林场野生观赏花卉》这本书是东江林场与省农业科学院在仔细开展野外调查的基础上共同编写的。该书图片精美，文字简洁，图文并茂，共收录119科(112科)297属(298属)415种观赏植物，部分种类具有较高的科研及利用价值。此书的出版，展示了林场内的生物多样性，为珍稀植物保护、科学普及、观赏植物开发及利用提供了一手资料，为林场的林业规划、资源利用、科技示范等打下了很好的基础。

行而不辍，未来可期。站在新的历史起点，我们要深入践行"绿水青山就是金山银山"理念，坚持尊重自然、顺应自然、保护自然，为建设青山常在、绿水长流、空气常新的美丽中国做出积极贡献。

2021年10月15日

前　言

广东省东江林场（广东东江森林公园管理处）位于广东省紫金县西部，东江中游东岸，与惠州市惠阳区、博罗县、河源市源城区、东源县毗邻，地跨5个镇，场部设在江东新区古竹镇。

东江林场森林覆盖率达到90%以上，属于南亚热带季风常绿阔叶林地带，雨量充沛，最高海拔513.2m，场内山水相依，沟谷中植物种类较为丰富，在项目组历经一年的野外调查中，发现了国家保护植物金毛狗、金线兰及《濒危野生动植物种国际贸易公约》（CITES）附录兰科植物如阔叶沼兰、黄兰、深裂沼兰等10种；并发现了30种紫金县新记录植物，如吻兰、帽苞薯藤、齿萼薯、小花青藤、阿宽蕉、东南石山苣苔、龙岩杜鹃、蓝树、老虎刺、大蓑术、厚叶鼠刺等。特别是七寨崆瀑布群的沟谷中，多种珍稀植物共同生长，常年开花不断，如寄树兰、阔叶沼兰、弯果奇柱苣苔等。

本书蕨类植物采用PPGI系统，裸子植物采用郑万均植物系统，被子植物采用APG IV分类系统。为方便熟悉《中国植物志》的读者查阅，本书将恩格勒被子植物

分类系统（Engler system）及秦仁昌蕨类植物分类系统作为辅助系统，并加括号附于后以示区别，植物排序是按照APG IV分类系统科号进行排序。

本书由广东省东江林场与广东省农业科学院环境园艺研究所共同组织编写，共收录蕨类植物7科（9科）10属10种，裸子植物2科3属4种，被子植物110科（103科）284属（285属）401种，计119科（112科）297属（298属）415种，其中野生观赏植物376种，常见栽培观赏植物39种。每种植物均配有2~3张高清图片，并附有中文名、别名、学名、科属、简介、生境及用途等，便于读者了解植物相关信息。

本书在编写过程中，得到了曾佑派等众多朋友的帮助，在此一并感谢。

由于编者水平有限，书中难免存在不足之处，敬请批评指正。

编者

2021年9月30日

目 录

序言
前言

蕨类植物

灯笼石松（垂穗石松、灯笼草）	002
深绿卷柏	002
福建观音座莲（马蹄蕨）	003
中华里白	004
芒萁	004
金毛狗（黄狗头）	005
半边旗	006
扇叶铁线蕨	006
槲蕨	007
伏石蕨	008

裸子植物

罗浮买麻藤	010
小叶买麻藤	011

被子植物

黑老虎	013
南五味子	014
蕺菜（鱼腥草）	015
华南胡椒	015
山蒟（海风藤）	016
香港瓜馥木	017
光叶紫玉盘（挪藤）	018
紫玉盘	019
假鹰爪（酒饼叶）	020
小花青藤	021
黄绒润楠	022
山鸡椒（山苍子）	023
潺槁木姜子（潺槁树）	023
草珊瑚	024
金钱蒲（随手香、石菖蒲）	025
石柑子	026
狮子尾	027
海芋（滴水观音）	027
野芋（野芋头）	028
大百部（对叶百部）	029
五叶薯蓣	030
露兜草	030
菝葜	031
土茯苓（光叶菝葜）	031
暗色菝葜	032
橙黄玉凤兰（红唇玉凤花）	033
高斑叶兰（斑叶兰）	034
金线兰（花叶开唇兰）	035
深裂沼兰	036
阔叶沼兰	037
无叶美冠兰	038
黄兰	039
吻兰（中国吻兰）	040
寄树兰（小叶寄树兰）	041
大叶仙茅（野棕）	042
山菅兰（山菅）	043
天门冬	043
大盖球子草	044
山麦冬	044
杖藤（华南省藤）	045

裸花水竹叶	046		峨眉鼠刺（矩叶鼠刺）	067
竹节菜（节节草）	046		广东蛇葡萄（牛果藤、粤蛇葡萄）	067
聚花草	047		翼茎白粉藤	068
杜若	048		角花乌蔹莓	068
穿鞘花	048		扁担藤	069
阿宽蕉	049		阔裂叶羊蹄甲（阔裂叶龙须藤）	070
尖苞柊叶（小花柊叶）	050		龙须藤	071
红豆蔻（大高良姜）	050		决明	072
山姜	051		华南云实（南天藤）	073
郁金（姜黄）	052		小叶云实	074
高姜黄（大莪术）	053		喙荚云实（南蛇簕、喙荚鹰叶刺）	075
红球姜	054		老虎刺	076
稗荛	055		光荚含羞草（簕仔树）	077
北越紫堇（台湾黄堇）	055		含羞草	077
钝药野木瓜	056		楹树	078
斑叶野木瓜	056		天香藤（刺藤）	078
倒卵叶野木瓜	057		猴耳环（围涎树）	079
尾叶那藤	057		响铃豆	080
中华青牛胆（宽筋藤）	058		秧青	081
夜花藤	058		两粤黄檀（粤桂黄檀）	081
粪箕笃	059		藤黄檀	082
禺毛茛	060		斜叶黄檀	082
网脉山龙眼	061		藤槐	083
锡叶藤	062		小刀豆	084
枫香	063		厚果崖豆藤	085
檵木（继木）	064		中南鱼藤	085
牛耳枫（南岭虎皮楠）	065		白花油麻藤（禾雀花）	086
交让木	065		鸡眼草	087
鼠刺（老鼠刺）	066		截叶铁扫帚	087
厚叶鼠刺	066		排钱草（排钱树）	088

名称	页码	名称	页码
葫芦茶	089	粗叶榕（五指毛桃）	116
三点金	090	琴叶榕	117
假地豆	090	薜荔（凉粉果）	117
猫尾草（兔尾草）	091	笔管榕	118
圆叶野扁豆	092	杂色榕（青果榕）	118
贼小豆	093	变叶榕	119
葛	094	短叶赤车	119
野葛（葛麻姆）	094	紫玉盘柯	120
三裂叶野葛	095	鬵萌锥	121
亮叶鸡血藤（亮叶崖豆藤）	096	杨梅	122
齿果草	097	黄杞（少叶黄杞）	123
华南远志	098	裂叶秋海棠	124
黄花倒水莲（黄花远志）	099	青江藤	125
粗叶悬钩子	100	疏花卫矛	126
白花悬钩子	100	程香仔树	127
茅莓	101	小叶红叶藤（红叶藤）	128
锈毛莓	101	山杜英	129
深裂锈毛莓	102	小盘木	130
空心泡（蔷薇莓）	102	木竹子（多花山竹子）	131
小果蔷薇	103	岭南山竹子（海南山竹子）	132
金樱子	104	黄牛木	133
皱果蛇莓	105	地耳草	134
腺叶桂樱	106	七星莲（蔓茎堇菜）	134
石斑木（春花）	107	爪哇脚骨脆（毛叶嘉赐树）	135
豆梨	108	天料木	136
翼核果	109	红背山麻杆	137
多花勾儿茶（勾儿茶）	110	白背叶	138
枳椇（拐枣）	111	粗毛野桐	138
狭叶山黄麻	112	石岩枫	139
异色山黄麻	112	鼎湖血桐	140
二色波罗蜜	113	毛果巴豆	141
藤构	114	巴豆	141
石榕树（牛奶子）	114	木油桐（千年桐、皱果桐）	142
黄毛榕	115	山乌桕	143
水同木	116	乌桕	144

名称	页码
银柴	144
余甘子（油甘）	145
小果叶下珠	145
毛果算盘子	146
厚叶算盘子	146
黑面神	147
圆叶节节菜	148
紫薇（痒痒树）	149
草龙	150
毛草龙	150
岗松	151
蒲桃	152
桃金娘（岗棯）	152
谷木	153
少花柏拉木	154
地棯（地苓）	155
细叶野牡丹	155
野牡丹	156
毛棯（毛苓）	157
金锦香	157
锐尖山香圆	158
岭南酸枣（岭南酸素）	159
盐肤木	160
野漆	160
楝叶吴萸	161
飞龙掌血	162
簕欓花椒（花椒簕）	163
两面针	163
三桠苦	164
降真香（山油柑）	164
苦楝（楝）	165
刺果藤	166
马松子	167
甜麻	167
毛刺蒴麻	168
山芝麻	168
两广梭罗	169
假苹婆	170
翻白叶树（半枫荷）	171
黄葵	172
地桃花（肖梵天花）	172
赛葵	173
白背黄花棯	173
了哥王（南岭荛花）	174
细轴荛花	175
广州山柑（广州槌果藤）	176
疏花蛇菰	177
寄生藤	178
棱枝槲寄生（柿寄生）	179
瘤果槲寄生	179
鞘花	180
广寄生（桑寄生）	181
离瓣寄生	182
毛蓼	183
长箭叶蓼	183
青葙	184
常山	184
毛八角枫	185
华凤仙	186
五列木	187
杨桐	188
乌材	189
罗浮柿	189
鲫鱼胆	190
泽珍珠菜	191
星宿菜（红根草）	191
酸藤子（酸果藤）	192
白花酸藤果	192
厚叶白花酸藤果	193
九管血	194

朱砂根	195
灰色紫金牛	196
山血丹	197
虎舌红	198
光萼紫金牛	199
罗伞树	199
木荷	200
大果核果茶（石笔木）	201
油茶	202
白檀	203
大花野茉莉（兰屿安息香）	204
白花龙	205
栓叶安息香	205
水东哥	206
阔叶猕猴桃	207
齿缘吊钟花	208
丁香杜鹃（华丽杜鹃）	209
龙岩杜鹃	210
毛棉杜鹃	211
杜鹃（映山红）	212
狭叶珍珠花	213
羊角藤	214
鸡矢藤	214
九节	215
蔓九节	215
金草	216
牛白藤	216
水团花（水杨梅）	217
楠藤（厚叶白纸扇）	218
小玉叶金花	218
水锦树	219
香港大沙叶	219
白花苦灯笼（乌口树）	220
栀子（山栀子）	220
香楠	221

茜树	221
多毛茜草树	222
华马钱（三脉马钱）	222
钩吻（大茶药）	223
尖山橙	224
链珠藤	224
蓝树	225
羊角拗（羊角扭、断肠草）	226
酸叶胶藤	227
络石（万字茉莉）	227
帘子藤	228
长花厚壳树	228
篱栏网（鱼黄草、茉栾藤）	229
毛牵牛（心萼薯）	229
齿萼薯（龙骨萼牵牛、狭花心萼薯）	230
七爪龙	231
帽苞薯藤（盘苞牵牛）	232
三裂叶薯（小花假番薯）	233
清香藤	233
小蜡	234
白蜡树	234
异色线柱苣苔	235
芒毛苣苔	236
小花后蕊苣苔	237
东南石山苣苔（东南长蒴苣苔）	238
弯果奇柱苣苔	239
伏胁花（黄花过长沙舅）	240
毛麝香	240
球花毛麝香	241
长蒴母草	242
刺齿泥花草	242
荨麻母草	243
细茎母草	243
旱田草	244
光叶蝴蝶草（长叶蝴蝶草）	244

黄花蝴蝶草	245
紫斑蝴蝶草	246
紫萼蝴蝶草	246
山牵牛（大花老鸦嘴）	247
拟地皮消（飞来蓝）	248
板蓝（马蓝）	249
曲枝马蓝（曲枝假蓝）	250
四子马蓝	250
小花十万错	251
白接骨	251
圆叶挖耳草（圆叶狸藻）	252
马鞭草	253
枇杷叶紫珠	253
红紫珠	254
黄荆	255
牡荆	255
灰毛大青	256
臭牡丹	257
白花灯笼（鬼灯笼）	257
半枝莲	258
韩信草	258
水珍珠菜	259
广防风	260
益母草（益母蒿）	260
白花泡桐（泡桐）	261
野菰	262
秤星树（梅叶冬青）	263
毛冬青	264
铁冬青（救必应）	265
三花冬青	266
蓝花参	267
半边莲（急解索）	267
铜锤玉带草	268
卵叶半边莲（疏毛半边莲）	269
泥胡菜	269
地胆草	270
白花地胆草	270
毒根斑鸠菊	271
茄叶斑鸠菊	271
金钮扣（小铜锤）	272
山蟛蜞菊	272
蝶花荚蒾	273
南方荚蒾（东南荚蒾）	274
吕宋荚蒾	274
珊瑚树（早禾树）	275
常绿荚蒾（坚荚蒾）	276
华南忍冬（大金银花）	277
光叶海桐	278
穗序鹅掌柴	279
鹅掌柴（鸭脚木）	279
中华常春藤（常春藤）	280
积雪草（崩大碗）	281
水芹（野芹菜）	281

附录：
东江林场常见栽培观赏植物

罗汉松	283
竹柏	283
醉香含笑（火力楠）	284
彩叶芋（花叶芋、五彩芋）	285
'红叶'朱蕉	286
散尾葵	286
姜荷花	287
壳菜果（米老排）	288
红花檵木（红花继木）	289
洋紫荆（宫粉羊蹄甲）	290
短萼仪花	291
格木	292
大叶相思（耳叶相思）	292
降香（降香黄檀）	293

白灰毛豆	293
高山榕	294
细叶萼距花	294
红果仔	295
巴西野牡丹	295
无患子	296
麻楝	296
槭叶酒瓶树（澳洲火焰木）	297
美丽异木棉（美人树）	298
扶桑（朱槿、大红花）	299
叶子花（三角梅）	299
银木荷	300
山茶	301
长隔木（希茉莉）	302
龙船花	302
灰莉	303
红鸡蛋花	304
海杧果（海芒果）	305
'花叶'小蜡	306
桂花（木犀）	306
蓝花草（翠芦莉）	307
黄花风铃木	308
紫花风铃木（粉花风铃木）	309
'金叶'假连翘	310
柚木	310
鹅掌藤	311
澳洲鸭脚木（辐叶鹅掌柴）	312

1 蕨类植物

灯笼石松（垂穗石松、灯笼草）

- ◆ 学名：*Palhinhaea cernua* (*Lycopodiella cernua*)
- ◆ 科属：石松科垂穗石松属（小石松属）

中型至大型土生草本植物。叶螺旋钻形至线形，中脉不明显，纸质。孢子囊穗成熟时通常下垂，淡黄色。孢子囊生于孢子叶腋。生于林下、林缘及灌丛下阴处或岩石上。

深绿卷柏

- ◆ 学名：*Selaginella doederleinii*
- ◆ 科属：卷柏科卷柏属

土生草本。叶全部交互排列，二形，纸质，表面光滑，无虹彩。孢子叶穗紧密，孢子叶一形，卵状三角形，边缘有细齿。大孢子白色，小孢子橘黄色。生于林下或路边土坡。

福建观音座莲（马蹄蕨）

- 学名：*Angiopteris fokiensis*
- 科属：合囊蕨科（观音座莲科）观音座莲属

土生草本，高1.5m以上。根状茎块状。叶片宽广，宽卵形，羽片5~7对，互生，小羽片35~40对。孢子囊群棕色，长圆形。生于林下溪沟边。可用于观赏；块茎可制取淀粉。

中华里白

◆ 学名：*Diplopterygium chinense* (*Hicriopteris chinensis*)
◆ 科属：里白科里白属（丽芒萁属）

土生草本，植株高约3m。叶片巨大，坚纸质，二回羽状，小羽片互生，50~60对，沿中脉、侧脉及边缘密被星状柔毛。孢子囊群一列，位于中脉和叶缘之间。生于山谷溪边或林中，常成片生长。

芒萁

◆ 学名：*Dicranopteris pedata* (*Dicranopteris dichotoma*)
◆ 科属：里白科芒萁属

土生草本，高45~120cm。叶远生，叶轴二叉分枝，叶为纸质，上面黄绿色或绿色，沿羽轴被锈色毛。孢子囊群圆形，一列，着生于基部上侧或上下两侧小脉的弯弓处。生于强酸性土的荒坡或林缘。为酸性土指示植物。

金毛狗（黄狗头）

- 学名：*Cibotium barometz*
- 科属：金毛狗科（蚌壳蕨科）金毛狗属

土生草本，高达180cm。根状茎粗大，上被有垫状的金黄色茸毛。叶片广卵状三角形，下部羽片为长圆形，一回小羽片线状披针形，末回裂片线形略呈镰刀形。孢子囊群生于下部的小脉顶端。生于山中沟边及林下阴处。根状茎入药，可作止血剂，也可用于观赏。

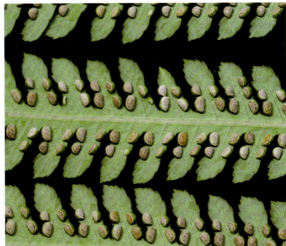

半边旗

◆ 学名：*Pteris semipinnata*
◆ 科属：凤尾蕨科凤尾蕨属

土生草本，植株高35~120cm。叶簇生，叶片长圆披针形，二回半边深裂，深羽裂几达叶轴，裂片6~12对。生于疏林下阴处、溪边或岩石旁的酸性土壤上。

扇叶铁线蕨

◆ 学名：*Adiantum flabellulatum*
◆ 科属：凤尾蕨科（铁线蕨科）铁线蕨属

土生草本，植株高20~45cm。叶片扇形，二至三回不对称的二叉分枝，奇数一回羽状，小羽片8~15对。孢子囊群每羽片2~5枚，囊群盖半圆形或长圆形。生于阳光充足的酸性红、黄壤上或土坡上。

槲蕨

- 学名: *Drynaria roosii*
- 科属: 水龙骨科（槲蕨科）槲蕨属

附生草本。叶二型，基生不育叶圆形，基部心形，边缘全缘，正常能育叶具明显的狭翅，裂片7～13对，互生。孢子囊群圆形。附生树干或石上，匍匐生长或螺旋状攀缘。根状茎入药。

伏石蕨

◆ 学名：*Lemmaphyllum microphyllum*
◆ 科属：水龙骨科伏石蕨属

附生草本。叶远生，二型，不育叶近无柄，近球圆形或卵圆形，基部圆形或阔楔形，全缘，能育叶狭缩成舌状或狭披针形。孢子囊群线形。附生林中树干上或岩石上。

2 裸子植物

罗浮买麻藤

◆ 学名：*Gnetum luofuense* (*Gnetum lofuense*)
◆ 科属：买麻藤科买麻藤属

木质藤本。叶片薄或稍带革质，矩圆形或矩圆状卵形，先端短渐尖，基部近圆形或宽楔形。成熟种子矩圆状椭圆形，无柄。花期4—5月，果期秋季。生于林中，缠绕于树上。

小叶买麻藤

- ◆ 学名：*Gnetum parvifolium*
- ◆ 科属：买麻藤科买麻藤属

木质缠绕藤本，长4~12m。叶椭圆形、窄长椭圆形或长倒卵形，革质，先端急尖或渐尖而钝，稀钝圆，基部宽楔形或微圆。雄球花具5~10轮环状总苞，雌球花序花穗细长。成熟种子假种皮红色。花期4—5月，果期秋季。生于森林中大树上。

3 被子植物

黑老虎

◆ 学名：*Kadsura coccinea*
◆ 科属：**五味子科（木兰科）南五味子属**

木质藤本。叶革质，长圆形至卵状披针形，先端钝或短渐尖，基部宽楔形或近圆形，全缘。花单生于叶腋，花被片红色。聚合果近球形，红色或暗紫色。花期4—7月，果期7—11月。生于林中。根药用，果成熟后味甜，可食；也可用于园林观赏。

南五味子

- 学名：*Kadsura longipedunculata*
- 科属：五味子科（木兰科）南五味子属

木质藤本。叶长圆状披针形、倒卵状披针形或卵状长圆形，先端渐尖或尖，基部狭楔形或宽楔形，边有疏齿。花被片白色或淡黄色。聚合果球形，小浆果倒卵圆形。花期6—9月，果期9—12月。生于山坡及林中。根、茎、叶、种子均可入药；可用于园林观赏。

蕺菜（鱼腥草）

- 学名：*Houttuynia cordata*
- 科属：三白草科蕺菜属

草本，高30~60cm。叶薄纸质，卵形或阔卵形，顶端短渐尖，基部心形。花序总苞片长圆形或倒卵形，白色。蒴果。花期4~7月。生于沟边、溪边或林下湿地上。全株入药，嫩根茎常作蔬菜食用，现代研究可能具有肾毒性，慎食；可用于园林绿化。

华南胡椒

- 学名：*Piper austrosinense*
- 科属：胡椒科胡椒属

木质常绿攀缘藤本。叶厚纸质，花枝下部叶阔卵形或卵形，基部通常心形，上部叶卵形、狭卵形或卵状披针形。花单性，雌雄花序皆为白色。浆果球形。花期4—6月。生于密林或疏林中，攀缘于树上或石上。

山蒟（海风藤）

◆ 学名：*Piper hancei*
◆ 科属：胡椒科胡椒属

木质常绿攀缘藤本，长数至10余m。叶纸质或近革质，卵状披针形或椭圆形。花单性，雌雄异株。浆果球形，黄色。花期3—8月，果期秋季至翌年早春。生于山地溪涧边、密林或疏林中，攀缘于树上或石上。茎、叶药用；常用于园林绿化。

香港瓜馥木

◆ 学名：*Fissistigma uonicum*
◆ 科属：番荔枝科瓜馥木属

攀缘灌木。叶纸质，长圆形，顶端急尖，基部圆形或宽楔形。花黄色，有香气，1~2朵聚生于叶腋，外轮花瓣比内轮花瓣长。果圆球状，成熟时黑色。花期3—6月，果期6—12月。生于丘陵山地林中。果味甜可食。

光叶紫玉盘（挪藤）

◆ 学名：*Uvaria boniana*
◆ 科属：番荔枝科紫玉盘属

攀缘灌木。叶纸质，长圆形至长圆状卵圆形，顶端渐尖或急尖，基部楔形或圆形，光滑无毛。花紫红色，花瓣革质。果球形或椭圆状卵圆形，成熟时紫红色。花期5—10月，果期6月至翌年4月。生于丘陵山地疏密林中或林地路边。

紫玉盘

- **学名：** *Uvaria macrophylla* (*Uvaria microcarpa*)
- **科属：** 番荔枝科紫玉盘属

直立灌木，高约2m。叶革质，长倒卵形或长椭圆形，顶端急尖或钝，基部近心形或圆形。花1~2朵，暗紫红色或淡红褐色。果卵圆形或短圆柱形。花期3—8月，果期7月至翌年3月。生于灌木丛中或丘陵山地疏林中。根叶可药用；可用于园林绿化。

假鹰爪(酒饼叶)

◆ 学名：*Desmos chinensis*
◆ 科属：番荔枝科假鹰爪属

直立或攀缘灌木。叶薄纸质或膜质，长圆形或椭圆形，顶端钝或急尖，基部圆形或稍偏斜。花黄白色，单朵与叶对生或互生。果有柄，念珠状。花期夏至冬季，果期6月至翌年春季。生于山地、林缘等。根、叶药用；也可用于园林绿化。

小花青藤

- 学名：*Illigera parviflora*
- 科属：莲叶桐科青藤属

藤本。指状复叶互生，具3小叶，小叶纸质，椭圆状披针形至椭圆形。聚伞状圆锥花序腋生，花绿白色，两性。果具4翅。花期5—10月，果期11—12月。生于山地林中、灌丛或路边。可用于园林绿化。紫金新记录。

黄绒润楠

◆ 学名：*Machilus grijsii*
◆ 科属：樟科润楠属

乔木，高可达5m。叶倒卵状长圆形，先端渐狭，基部多少圆形，革质。花序短，密被黄褐色短绒毛，花黄绿色。果球形。花期3—4月，果期4—5月。生于灌木丛中或密林中。

山鸡椒（山苍子）

- 学名：*Litsea cubeba*
- 科属：樟科木姜子属

落叶灌木或小乔木，高达8~10m。叶互生，披针形或长圆形，先端渐尖，基部楔形，纸质。伞形花序单生或簇生，花被裂片6。果近球形。花期2—4月，果期5—8月。生于山地、灌丛、疏林或林中。花、叶和果皮可提制柠檬醛；根、茎、叶和果实均可入药。

潺槁木姜子（潺槁树）

- 学名：*Litsea glutinosa*
- 科属：樟科木姜子属

常绿小乔木或乔木，高3~15m。叶互生，倒卵形、倒卵状长圆形或椭圆状披针形，先端钝或圆，基部楔形。伞形花序，花被不完全或缺。果球形。花期5—6月，果期9—10月。生于山地林缘、溪旁、疏林或灌丛中。根皮、叶民间入药；可用于园林绿化。

草珊瑚

◆ 学名：*Sarcandra glabra*
◆ 科属：金粟兰科草珊瑚属

常绿半灌木，高50~120cm。叶革质，椭圆形、卵形至卵状披针形，顶端渐尖，基部尖或楔形，边缘具粗锐锯齿。穗状花序，花黄绿色。核果球形，熟时亮红色。花期6—7月，果期8—10月。生于山坡、沟谷林下阴湿处。全株供药用；可用于绿化。

金钱蒲（随手香、石菖蒲）

- **学名**：*Acorus gramineus* (*Acorus tatarinowii*)
- **科属**：菖蒲科（天南星科）菖蒲属

多年生草本，高20~30cm。叶片质地较厚，线形，绿色。叶状佛焰苞短，为肉穗花序长的1~2倍，肉穗花序黄绿色，圆柱形。果黄绿色。花期5—6月，果7—8月成熟。生于水旁湿地或石上。根茎入药；全株具芳香，可盆栽观赏。

石柑子

◆ 学名：*Pothos chinensis*
◆ 科属：天南星科石柑属

附生亚木质藤本，长0.4~6m。叶片纸质，椭圆形，披针状卵形至披针状长圆形，先端渐尖至长渐尖。花序腋生，佛焰苞卵状，肉穗花序短，淡绿色、淡黄色。浆果黄绿色至红色。主要花期春季，果期夏季。生于阴湿林中岩石上或树干上。

狮子尾

- 学名：*Rhaphidophora hongkongensis*
- 科属：天南星科崖角藤属

附生藤本。茎稍肉质，粗壮。叶片通常镰状椭圆形，有时为长圆状披针形或倒披针形。花序顶生和腋生，佛焰苞绿色至淡黄色，肉穗花序圆柱形，粉绿色或淡黄色。浆果黄绿色。花期4—8月，果翌年成熟。常攀附于树干上或石崖上。全株供药用。

海芋（滴水观音）

- 学名：*Alocasia odora*
- 科属：天南星科海芋属

巨型草本，高2~5m。叶盾状着生，阔卵形，顶端急尖，基部广心状箭形。总花梗圆柱形，佛焰苞管部粉绿色，檐部黄绿色，肉穗花序较佛焰苞短。浆果红色，卵状。花果期全年。生于山野阴湿处。全株有大毒；根茎入药；常用于园林绿化。

野芋（野芋头）

◆ **学名**：*Colocasia esculentum* var. *antiquorum* (*Colocasia antiquorum*)
◆ **科属**：天南星科芋属

湿生草本。块茎球形，叶柄直立，长可达1.2m。叶片薄革质，盾状卵形，基部心形。花序柄比叶柄短许多，佛焰苞苍黄色，管部淡绿色。肉穗花序短于佛焰苞。花期6—9月。常生长于林下阴湿处。块茎有毒，供药用。

大百部（对叶百部）

- 学名：*Stemona tuberosa*
- 科属：百部科百部属

攀缘藤本，茎下部木质化。块根通常纺锤状。叶对生或轮生，极少兼有互生，卵状披针形、卵形或宽卵形。花单生或2~3朵排成总状花序，花被片黄绿色带紫色脉纹。蒴果。花期4—7月，果期5—8月。生于林下、溪边、路旁。根入药；可用于园林绿化。

五叶薯蓣

◆ 学名：*Dioscorea pentaphylla*
◆ 科属：薯蓣科薯蓣属

缠绕草质藤本。块茎形状不规则。掌状复叶有3~7小叶，小叶片常为倒卵状椭圆形、长椭圆形或椭圆形，叶腋常具珠芽。穗状花序排列成圆锥状，雌花序为穗状花序。蒴果三棱状长椭圆形。花期8—10月，果期11月至翌年2月。生于林边或灌丛中。

露兜草

◆ 学名：*Pandanus austrosinensis*
◆ 科属：露兜树科露兜树属

多年生常绿草本。叶近革质，带状，先端渐尖成三棱形、具细齿的鞭状尾尖，基部折叠，边缘具向上的钩状锐刺。花单性，雌雄异株。聚花果椭圆状圆柱形或近圆球形。花期4—7月，果期10—12月。生于林中、溪边或路旁。

菝葜

- 学名: *Smilax china*
- 科属: 菝葜科（百合科）菝葜属

攀缘灌木，根状茎粗厚，茎长1~5m。叶薄革质或坚纸质，圆形、卵形或其他形状。伞形花序具十几朵或更多的花，花绿黄色。浆果。花期2—5月，果期9—11月。生于林下、灌丛中、路旁。根状茎可以提取淀粉和栲胶，入药。

土茯苓（光叶菝葜）

- 学名: *Smilax glabra*
- 科属: 菝葜科（百合科）菝葜属

攀缘灌木，茎长1~4m。叶薄革质，狭椭圆状披针形至狭卵状披针形，有卷须。伞形花序通常具10余朵花，花绿白色。浆果熟时紫黑色。花期7—11月，果期11月至翌年4月。生于林中、灌丛下、河岸或山谷中。根状茎入药，称土茯苓。

暗色菝葜

◆ 学名：*Smilax lanceifolia* var. *opaca*
◆ 科属：菝葜科（百合科）菝葜属

攀缘灌木，茎长1~2m。叶通常革质，有光泽，卵状矩圆形、狭椭圆形至披针形。伞形花序具几十朵花，花黄绿色。浆果熟时黑色。花期9—11月，果期翌年11月。生于林下、灌丛中或山坡阴处。

橙黄玉凤兰（红唇玉凤花）

- 学名：*Habenaria rhodocheila*
- 科属：兰科玉凤花属

地生草本，植株高8~35cm。块茎长圆形，肉质。叶片线状披针形至近长圆形。总状花序具2~10余朵疏生的花，萼片和花瓣绿色，唇瓣橙黄色、橙红色或红色。蒴果。花期7—8月，果期10—11月。生于山坡或沟谷林下阴处地上或覆土岩石上。

高斑叶兰（斑叶兰）

♦ 学名：*Goodyera procera*
♦ 科属：兰科斑叶兰属

地生草本，植株高22~80cm。根状茎短而粗，具节。茎直立，具6~8枚叶。叶片长圆形或狭椭圆形。总状花序具多数密生的小花，似穗状，花小，白色带淡绿，芳香。花期4—5月。生于林下或沟谷阴湿处。

金线兰（花叶开唇兰）

- 学名：*Anoectochilus roxburghii*
- 科属：兰科金线兰属

地生草本，植株高8~18cm。根状茎肉质，具节。茎直立、肉质、圆柱形，具2~4枚叶。叶片卵圆形或卵形，上面暗紫色或黑紫色，具美丽网脉。总状花序具2~6朵花，花白色或淡红色。花期8—12月。生于常绿阔叶林下或沟谷阴湿处。全株入药。

深裂沼兰

◆ 学名：*Crepidium purpureum (Malaxis purpurea)*
◆ 科属：兰科沼兰属（原沼兰属）

地生草本。肉质茎圆柱形，具数节。叶通常3~4枚，斜卵形或长圆形。总状花序具10~30朵或更多的花，花红色或偶见浅黄色。花期6—7月，果期秋季。生于林下、灌丛或覆土岩石上的阴湿处。

阔叶沼兰

◆ 学名：*Malaxis latifolia*
◆ 科属：兰科原沼兰属

地生或半附生草本。肉质茎圆柱形。叶通常4~5枚，斜卵状椭圆形、卵形或狭椭圆状披针形。总状花序具数十朵或更多的花，花紫红色至绿黄色，密集，较小。蒴果。花期5—8月，果期8—12月。生于林下、灌丛中或溪谷旁荫蔽处的岩石上。

无叶美冠兰

◆ 学名：*Eulophia zollingeri*
◆ 科属：兰科美冠兰属

腐生草本，无绿叶。假鳞茎块状，近长圆形，淡黄色。花葶粗壮，褐红色，总状花序直立，疏生数朵至10余朵花，花褐黄色。花期4—6月，果期秋季。生于疏林下、竹林或草坡上。

黄兰

- ◆ 学名：*Cephalantheropsis obcordata* (*Cephalantheropsis gracilis*)
- ◆ 科属：兰科黄兰属

地生草本，植株高达1m。茎直立，圆柱形。叶5~8枚，纸质，长圆形或长圆状披针形。花葶2~3个，花序疏生多数花，花青绿色或黄绿色，伸展。蒴果圆柱形。花期9—12月，果期11月至翌年3月。生于密林下或沟谷土坡中。

吻兰（中国吻兰）

- 学名：*Collabium chinense*
- 科属：兰科吻兰属

地生草本。假鳞茎细圆柱形。叶纸质，先端急尖，基部近圆形，具多数弧形脉。总状花序疏生4~7朵花，花中等大，花绿色，唇瓣白色。花期7—11月。生于山谷密林下阴湿处或沟谷阴湿岩石上。紫金新记录。

寄树兰（小叶寄树兰）

◆ 学名：*Robiquetia succisa*
◆ 科属：兰科寄树兰属

附生草本。茎圆柱形，长达1m。叶二列，长圆形，先端近截头状并且啮蚀状缺刻。圆锥花序密生许多小花，萼片和花瓣淡黄色或黄绿色。蒴果长圆柱形。花期6—9月，果期7—11月。生于疏林中树干上或山崖石壁上。

大叶仙茅（野棕）

- 学名：*Curculigo capitulata*
- 科属：仙茅科（石蒜科）仙茅属

粗壮草本，高达1m多。叶通常4~7枚，长圆状披针形或近长圆形，纸质，全缘，具折扇状脉。总状花序强烈缩短成头状，球形或近卵形，俯垂，花黄色。浆果近球形，白色。花期5—6月，果期8—9月。生于林下或阴湿处。可用于园林绿化观赏。

山菅兰（山菅）

- 学名：*Dianella ensifolia*
- 科属：阿福花科（百合科）山菅兰属

草本，植株高可达2m。叶狭条状披针形，基部套迭或抱茎。圆锥花序，花常多朵生于侧枝上端，花绿白色、淡黄色至青紫色。浆果近球形，深蓝色。花果期3—8月。生于林下、山坡或草丛中。本种有毒；根状茎入药。

天门冬

- 学名：*Asparagus cochinchinensis*
- 科属：天门冬科（百合科）天门冬属

攀缘植物。叶状枝通常每3枚成簇，扁平或由于中脉龙骨状而略呈锐三棱形，稍镰刀状，茎上的鳞片状叶基部延伸为硬刺。花通常每2朵腋生，淡绿色。浆果熟时红色。花期5—6月，果期8—10月。生于山坡、路旁、疏林下、山谷或荒地上。块根入药。

大盖球子草

- 学名：*Peliosanthes macrostegia*
- 科属：天门冬科（百合科）球子草属

草本。叶2~5枚，披针状狭椭圆形。总状花序，每一苞片内着生一朵花，花紫色。种子近圆形，种皮肉质，蓝绿色。花期4—6月，果期7—9月。生于灌木丛中和竹林下。

山麦冬

- 学名：*Liriope spicata*
- 科属：天门冬科（百合科）山麦冬属

草本。叶先端急尖或钝，基部常包以褐色的叶鞘，上面深绿色，背面粉绿色。花葶通常长于或几等长于叶，花被片淡紫色或淡蓝色。种子近球形。花期5—8月，果期8—10月。生于山坡、山谷林下、路旁或湿地。可用于园林绿化观赏。

杖藤（华南省藤）

- ◆ 学名：*Calamus rhabdocladus*
- ◆ 科属：棕榈科省藤属

攀缘藤本，丛生。叶羽状全裂，羽片整齐排列，等距或稍有间隔，线形，两面及边缘和先端均有刚毛状刺。雌雄花序异型，雄花序长鞭状，雌花序二回分枝。种子宽椭圆形。花果期4—6月。生于山地林中或林缘。

裸花水竹叶

- 学名：*Murdannia nudiflora*
- 科属：鸭跖草科水竹叶属

草本。叶片禾叶状或披针形，顶端钝或渐尖，两面无毛或疏生刚毛。蝎尾状聚伞花序数个，花瓣紫色。蒴果。花果期6—10月。生于水边潮湿处或草丛中。

竹节菜（节节草）

- 学名：*Commelina diffusa*
- 科属：鸭跖草科鸭跖草属

一年生披散草本，茎匍匐。叶披针形或在分枝下部的为长圆形，顶端通常渐尖，少急尖的。蝎尾状聚伞花序，具总苞片，花瓣蓝色。蒴果矩圆状三棱形。花果期5—11月。生于林中、灌丛中或路边。

聚花草

◆ **学名**：*Floscopa scandens*
◆ **科属**：鸭跖草科聚花草属

湿生草本，茎高20~70cm。叶片椭圆形至披针形。圆锥花序多个，顶生并兼有腋生，花瓣蓝色或紫色，少白色。种子半椭圆状，灰蓝色。花果期7—11月。生于水边、山沟边草地及林中。全草入药；可用于浅水处绿化。

杜若

- ◆ 学名：*Pollia japonica*
- ◆ 科属：鸭跖草科杜若属

多年生草本，高30~80cm。叶片长椭圆形，基部楔形，顶端长渐尖。蝎尾状聚伞花序常多个成轮排列，花瓣白色。果球状，果皮黑色。花期7—9月，果期9—10月。生于山谷林下、路边等处。全草入药。

穿鞘花

- ◆ 学名：*Amischotolype hispida*
- ◆ 科属：鸭跖草科穿鞘花属

多年生粗大草本，茎长可达1m。叶椭圆形，顶端尾状，基部楔状渐狭成翅状柄。头状花序大，常有花数十朵，花瓣长圆形，稍短于萼片。蒴果卵球状三棱形。花期7—8月，果期9月以后。生于林下及山谷溪边。

阿宽蕉

- 学名：*Musa itinerans*
- 科属：芭蕉科芭蕉属

直立散生草本，假茎连叶高5~7m。叶片卵状长圆形，先端截形，基部圆形，几对称，叶面绿色，叶背淡绿色，无白粉。花序半下垂，合生花被片先端5齿裂。果序具5~10段，浆果筒状卵形，绿色。花果期全年。生于沟谷处。紫金新记录。

尖苞柊叶（小花柊叶）

- 学名：*Phrynium placentarium*
- 科属：竹芋科柊叶属

草本，株高约1m。叶基生，叶片长圆状披针形或卵状披针形，顶端渐尖，基部圆形而中央急尖，薄革质。头状花序，花白色。果长圆形皮。花期2—5月，果期夏季。生于林中阴湿之处。紫金新记录。

红豆蔻（大高良姜）

- 学名：*Alpinia galanga*
- 科属：姜科山姜属

草本，株高达2m。根茎块状，稍有香气。叶片长圆形或披针形，顶端短尖或渐尖，基部渐狭。圆锥花序密生多花，花绿白色，有异味，唇瓣白色而有红线条。果长圆形。花期5—8月，果期9—11月。生于山野沟谷阴湿林下或灌木丛中。果实及根茎供药用。

山姜

- 学名：*Alpinia japonica*
- 科属：姜科山姜属

草本，株高35~70cm。叶片披针形，倒披针形或狭长椭圆形，顶端具小尖头。总状花序，花通常2朵聚生，花冠裂片长圆形，唇瓣白色而具红色脉纹。果橙红色。花期4—8月，果期7—12月。生于林下阴湿处。果实及根茎供药用。

郁金（姜黄）

- 学名：*Curcuma aromatica*
- 科属：姜科姜黄属

草本，株高约1m。根茎肉质，肥大，黄色，芳香。叶片长圆形，顶端具细尾尖，基部渐狭。穗状花序圆柱形，有花的苞片淡绿色，上部无花的苞片较狭，长圆形，白色而染淡红，花冠管漏斗形，白色而带粉红，唇瓣黄色。花期4—6月。生于林下。块茎入药，也提取黄色食用染料；也适合园林绿化观赏。紫金新记录。

高姜黄（大莪术）

- 学名：*Curcuma elata*
- 科属：姜科姜黄属

草本，株高1.3~1.8m。根茎内面淡黄色，块根内面白色。叶长椭圆形，叶面无毛，背面具短柔毛。穗状花序，能育苞片浅绿色，不育苞片紫红色。花黄色。花期5月。生于疏林下。可用于园林绿化观赏。紫金新记录。

红球姜

◆ 学名：*Zingiber zerumbet*
◆ 科属：姜科姜属

草本，株高0.6~2m。根茎块状，内部淡黄色。叶片披针形至长圆状披针形。花序球果状，苞片初时淡绿色，后变红色。花冠管淡黄色，唇瓣淡黄色。蒴果。花期7—9月，果期10月。生于林下阴湿处。根茎入药，并可提取芳香油；可用于园林绿化。

稗荩

- ◆ 学名：*Sphaerocaryum malaccense*
- ◆ 科属：禾本科稗荩属

一年生草本。叶片卵状心形，基部抱茎，边缘粗糙，疏生硬毛。圆锥花序，小穗含1小花。颖果卵圆形。花果期秋季。生于灌丛、草甸中或路边湿润处。

北越紫堇（台湾黄堇）

- ◆ 学名：*Corydalis balansae*
- ◆ 科属：罂粟科紫堇属

丛生草本，高30~50cm。基生叶早枯，通常不明显，茎生叶上面绿色，下面苍白色，二回羽状全裂，一回羽片约3~5对，二回羽片常1~2对。总状花序，花黄色至黄白色。种子黑亮。花果期3—7月。生于山谷或沟边湿地。全草药用。

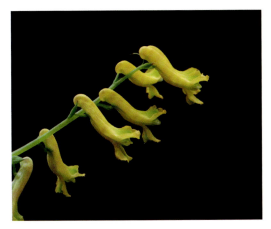 

钝药野木瓜

- 学名：*Stauntonia leucantha*
- 科属：木通科野木瓜属

木质藤本。掌状复叶有小叶5~7片，小叶近革质，嫩时膜质，长圆状倒卵形、近椭圆形或长圆形。花雌雄同株，白色，数朵组成总状花序。果长圆形。花期4—5月，果期8—10月。生于山地林中、山谷溪边或丘陵林缘。

斑叶野木瓜

- 学名：*Stauntonia maculata*
- 科属：木通科野木瓜属

木质藤本。茎皮绿带紫色。掌状复叶通常有小叶5~7片，近枝顶的叶有时具小叶3片，小叶革质，披针形至长圆状披针形，上面深绿色，下面密布斑点。总状花序，少花，浅黄绿色。果椭圆状或长圆状。花期3—4月，果期8—10月。生于山地疏林或山谷溪旁向阳处。

倒卵叶野木瓜

- 学名：*Stauntonia obovata*
- 科属：木通科野木瓜属

木质藤本。掌状复叶有小叶3~5（6）片，小叶薄革质，形状和大小变化很大，通常倒卵形，有时为长圆形、阔椭圆形或倒披针形。总状花序，白带淡黄色。果椭圆形或卵形。花期2—4月，果期9—11月。生于山谷疏林或密林中。

尾叶那藤

- 学名：*Stauntonia obovatifoliola* subsp. *urophylla*
- 科属：木通科野木瓜属

木质藤本。掌状复叶有小叶5~7片，小叶革质，倒卵形或阔匙形，先端猝然收缩为一狭而弯的长尾尖。总状花序数个，每个花序有3~5朵淡黄绿色的花。果长圆形或椭圆形。花期4月，果期6—7月。生于林下、林缘或路边。

中华青牛胆（宽筋藤）

- 学名：*Tinospora sinensis*
- 科属：防己科青牛胆属

藤本，长可达20m以上。叶纸质，阔卵状近圆形，很少阔卵形，顶端骤尖，基部深心形至浅心形。总状花序先叶抽出，单生或有时几个簇生，花瓣6。核果红色，近球形。花期4月，果期5—6月。生于林中。茎藤入药。

夜花藤

- 学名：*Hypserpa nitida*
- 科属：防己科夜花藤属

木质藤本。叶片纸质至革质，卵形、卵状椭圆形至长椭圆形，较少椭圆形或阔椭圆形。雄花序通常仅有花数朵，花瓣4~5，雌花序与雄花序相似或仅有花1~2朵。核果成熟时黄色或橙红色。花果期夏季。常生于林中或林缘。

粪箕笃

- 学名：*Stephania longa*
- 科属：防己科千金藤属

草质藤本，长1~4m或稍过之。叶纸质，三角状卵形，顶端钝，有小凸尖，基部近截平或微圆。复伞形聚伞花序腋生，雄花花瓣4或有时3，绿黄色，雌花花瓣4片，很少3片。核果红色。花期春末夏初，果期秋季。生于灌丛、林缘或路边。

禺毛茛

- 学名：*Ranunculus cantoniensis*
- 科属：毛茛科毛茛属

多年生草本，高25~80cm。叶为3出复叶，叶片宽卵形至肾圆形，小叶卵形至宽卵形，边缘密生锯齿或齿牙。花序有较多花，疏生，花瓣5。聚合果近球形。花果期4—7月。生于平原或丘陵田边、沟旁水湿地。全草入药。

网脉山龙眼

◆ 学名：*Helicia reticulata*
◆ 科属：山龙眼科山龙眼属

乔木或灌木，高3~10m。叶革质或近革质，长圆形、卵状长圆形、倒卵形或倒披针形，边缘具疏生锯齿或细齿。总状花序，花被管白色或浅黄色。果椭圆状。花期5—7月，果期10—12月。生于山地湿润常绿阔叶林中。为蜜源植物。

锡叶藤

◆ 学名：*Tetracera sarmentosa* (*Tetracera asiatica*)
◆ 科属：五桠果科锡叶藤属

常绿木质藤本，长达20m或更长。叶革质，极粗糙，矩圆形，先端钝或圆，有时略尖，基部阔楔形或近圆形。圆锥花序，花多数，花瓣通常3个，白色。果实成熟时黄红色，种子黑色。花期4—5月，果期夏季。常生于山地林中、路边等处。

枫香

◆ 学名：*Liquidambar formosana*
◆ 科属：蕈树科（金缕梅科）枫香树属

落叶乔木，高达30m。叶薄革质，阔卵形，掌状3裂。雄性短穗状花序常多个排成总状，雄蕊多数，雌性头状花序有花24~43朵。头状果序圆球形，木质。花期4—6月，果期夏秋。生于平地、村落附近及低山的林中。树脂、根、叶及果实入药；园林常见栽培用于观赏。

檵木（继木）

◆ 学名：*Loropetalum chinense*
◆ 科属：金缕梅科檵木属

灌木，有时为小乔木。叶革质，卵形，先端尖锐，基部钝，不等侧。花3~8朵簇生，白色，比新叶先开放，或与嫩叶同时开放，花瓣4片，带状。蒴果。花期3—4月，果期夏季。生于向阳的丘陵及山地。叶及根入药；园林常见栽培用于观赏。

牛耳枫（南岭虎皮楠）

- 学名：*Daphniphyllum calycinum*
- 科属：虎皮楠科虎皮楠属

灌木，高1.5~4m。叶纸质，阔椭圆形或倒卵形，先端钝或圆形，具短尖头。总状花序腋生，雄花花萼盘状，雄蕊9~10枚，雌花萼片3~4，阔三角形。果卵圆形。花期4—6月，果期8—11月。生于疏林或灌丛中。根和叶入药，园林中偶见栽培。

交让木

- 学名：*Daphniphyllum macropodum*
- 科属：虎皮楠科虎皮楠属

灌木或小乔木，高3~10m。叶革质，长圆形至倒披针形，先端渐尖，顶端具细尖头，基部楔形至阔楔形。雄花雄蕊8~10，雌花序花柱极短，柱头2，外弯。果椭圆形。花期3—5月，果期8—10月。生于阔叶林中。园林中偶见栽培。

鼠刺（老鼠刺）

◆ 学名：*Itea chinensis*
◆ 科属：鼠刺科（虎耳草科）鼠刺属

灌木或小乔木，高4~10m。叶薄革质，倒卵形或卵状椭圆形，先端锐尖，基部楔形，边缘上部具不明显圆齿状小锯齿。腋生总状花序，花多数，2~3个簇生，稀单生，花瓣白色。蒴果。花期3—5月，果期5—12月。常见于山地、山谷、疏林、路边及溪边。

厚叶鼠刺

◆ 学名：*Itea coriacea*
◆ 科属：鼠刺科（虎耳草科）鼠刺属

灌木或稀小乔木，高达10m。叶厚革质，椭圆形或倒卵状长圆形，基部钝或宽楔形，边缘除近基部外具圆齿状齿。总状花序腋生，或稀兼顶生，单生，具多数花，花瓣白色。蒴果。花期3—4月，果期6—10月。常生于林中、灌丛中。紫金新记录。

峨眉鼠刺（矩叶鼠刺）

- 学名：*Itea omeiensis* (*Itea oblonga*)
- 科属：鼠刺科（虎耳草科）鼠刺属

灌木或小乔木，高1.5~10m。叶薄革质，长圆形，先端尾状尖或渐尖，基部圆形或钝，边缘有极明显的密集细锯齿，近基部近全缘。腋生总状花序，单生或2~3簇生，花瓣白色。蒴果。花期3—5月，果期6—12月。生于山谷、疏林或灌丛中。

广东蛇葡萄（牛果藤、粤蛇葡萄）

- 学名：*Nekemias cantoniensis* (*Ampelopsis cantoniensis*)
- 科属：葡萄科牛果藤属（蛇葡萄属）

木质藤本。叶为二回羽状复叶或小枝上部着生有一回羽状复叶，小叶通常卵形、卵椭圆形或长椭圆形。花序为伞房状多歧聚伞花序，花瓣5。果实近球形。花期4—7月，果期8—11月。生山谷林中或山坡灌丛。

翼茎白粉藤

♦ 学名：*Cissus pteroclada*
♦ 科属：葡萄科白粉藤属

草质藤本。叶卵圆形或长卵圆形，顶端短尾尖或急尖，基部心形，基缺张开呈钝角，小枝上部叶有时基部近截形，边缘每侧有6~9个细牙齿。花序顶生或与叶对生，花瓣4。果实倒卵椭圆形。花期6—8月，果期8—12月。生于山谷疏林或灌丛。

角花乌蔹莓

♦ 学名：*Causonis corniculata (Cayratia corniculata)*
♦ 科属：葡萄科乌蔹莓属（大麻藤属）

草质藤本。叶为鸟足状5小叶，中央小叶长椭圆披针形，侧生小叶卵状椭圆形。花序为复二歧聚伞花序，花瓣4，花瓣顶端有明显小角状突起。果实近球形。花期4—5月，果期7—9月。生于山谷溪边疏林或山坡灌丛。块茎入药。

扁担藤

- **学名**：*Tetrastigma planicaule*
- **科属**：葡萄科崖爬藤属

木质大藤本，茎扁压，小枝圆柱形或微扁。叶为掌状5小叶，小叶长圆披针形、披针形、卵披针形，边缘每侧有5~9个锯齿。花序腋生，花瓣4。果实近球形，成熟后黄色。花期4—6月，果期8—12月。生于山谷林中或山坡岩石缝中。藤茎供药用；园林中常见栽培。

阔裂叶羊蹄甲（阔裂叶龙须藤）

- **学名**：*Phanera apertilobata* (*Bauhinia apertilobata*)
- **科属**：豆科火索藤属（羊蹄甲属）

木质藤本。叶纸质，卵形、阔椭圆形或近圆形，基部阔圆形、截形或心形，先端通常浅裂为2片短而阔的裂片。总状花序腋生或1~2个顶生，花瓣白色或淡绿白色。荚果扁平。花期5—7月，果期8—11月。生于山谷和山坡的疏林、密林或灌丛中。可用于园林绿化。

龙须藤

- ◆ 学名：*Phanera championii* (*Bauhinia championii*)
- ◆ 科属：豆科火索藤属（羊蹄甲属）

木质藤本。叶纸质，卵形或心形先端锐渐尖、圆钝、微凹或2裂，裂片长度不一，基部截形、微凹或心形。总状花序狭长，花瓣白色。荚果扁平。花期6—10月，果期7—12月。生于丘陵灌丛或山地疏林和密林中。可用于园林绿化。

决明

◆ 学名：*Senna tora*
◆ 科属：豆科决明属

直立、粗壮、一年生亚灌木状草本，高1~2m。羽状复叶，小叶3对，倒卵形或倒卵状长椭圆形。花腋生，通常2朵聚生，花瓣黄色。荚果纤细。花果期8—11月。生于山坡、旷野或路边，原产美洲热带地区。种子入药；苗叶和嫩果可食。

华南云实（南天藤）

- 学名：*Caesalpinia crista*
- 科属：豆科小凤花属

木质藤本，长可达10m以上。二回羽状复叶，羽片2~3对，有时4对，对生；小叶4~6对，对生，革质，卵形或椭圆形。总状花序，花芳香，花瓣5，其中4片黄色，上面一片具红色斑纹。荚果。花期4—7月，果期7—12月。生于山地林中。可用于园林绿化。

小叶云实

- 学名：*Caesalpinia millettii*
- 科属：豆科小凤花属

有刺藤本。羽状复叶，羽片7~12对，小叶15~20对，互生，长圆形。圆锥花序腋生，花多数，花瓣黄色。荚果倒卵形。花期8—9月，果期12月。生于山脚灌丛中或溪水旁。

喙荚云实（南蛇簕、喙荚鹰叶刺）

- 学名：*Guilandina minax* (*Caesalpinia minax*)
- 科属：豆科鹰叶刺属（小凤花属）

有刺藤本。二回羽状复叶，羽片5~8对，小叶6~12对，椭圆形或长圆形，先端圆钝或急尖，基部圆形。总状花序或圆锥花序，花瓣5，白色，有紫色斑点。荚果长圆形。花期4—5月，果期7月。生于山沟、溪旁或灌丛中。种子入药；可用于园林绿化。

老虎刺

◆ 学名：*Pterolobium punctatum*
◆ 科属：豆科老虎刺属

木质藤本或攀缘性灌木，高3~10m。羽状复叶，羽片9~14对，小叶片19~30对，对生，狭长圆形。总状花序，花瓣稍长于萼，倒卵形。荚果。花期6—8月，果期9月至翌年1月。生于疏林阳处、路旁。紫金新记录。

光荚含羞草（簕仔树）

◆ 学名：*Mimosa bimucronata* (*Mimosa sepiaria*)
◆ 科属：豆科含羞草属

落叶灌木，高3~6m。二回羽状复叶，羽片6~7对，小叶12~16对，线形，革质。头状花序球形，花白色。荚果带状。花期6—9月，果期10—12月，其他季节也可见花。原产热带美洲，现逸生于路边、坡地。

含羞草

◆ 学名：*Mimosa pudica*
◆ 科属：豆科含羞草属

披散、亚灌木状草本，高可达1m。羽片和小叶触之即闭合而下垂，羽片通常2对，小叶10~20对，线状长圆形。头状花序圆球形，花小，淡红色。荚果长圆形。花期3—10月，果期5—11月。原产热带美洲，逸生于旷野、路边等处。全草入药；可供盆栽观赏。

楒树

- ◆ 学名：*Albizia chinensis*
- ◆ 科属：豆科合欢属

落叶乔木，高达30m。二回羽状复叶，羽片6~12对，小叶20~40对，先端渐尖，基部近截平。头状花序有花10~20朵，花绿白色或淡黄色，密被黄褐色茸毛。荚果扁平。花期3—5月，果期6—12月。生于林中。

天香藤（刺藤）

- ◆ 学名：*Albizia corniculata*
- ◆ 科属：豆科合欢属

攀缘灌木或藤本，长20余m。二回羽状复叶，羽片2~6对，小叶4~10对，长圆形或倒卵形。头状花序有花6~12朵，花冠白色。荚果带状，扁平。花期4—7月，果期8—11月。生于旷野或山地疏林中，常攀附于树上。

猴耳环（围涎树）

- 学名：*Archidendron clypearia* (*Pithecellobium clypearia*)
- 科属：豆科猴耳环属（牛蹄豆属）

乔木，高可达10m。二回羽状复叶，羽片3~8对，通常4~5对，下部的羽片有小叶3~6对，顶部的羽片有小叶10~12对或更多，小叶革质，斜菱形。花数朵聚成小头状花序，花冠白色或淡黄色。荚果旋卷。花期2—6月，果期4—8月。生于林中。可用于观赏。

响铃豆

◆ 学名：*Crotalaria albida*
◆ 科属：豆科猪屎豆属

多年生直立草本，基部常木质化，高30~80cm。单叶，叶片倒卵形、长圆状椭圆形或倒披针形。总状花序顶生或腋生，有花20~30朵，花冠淡黄色。荚果短圆柱形。花果期5—12月。生于路旁或疏林下。全株入药。

秧青

- ◆ 学名：*Dalbergia assamica*
- ◆ 科属：豆科黄檀属

乔木，高7~10m。羽状复叶，托叶大叶状，卵形至卵状披针形，小叶6~10对，纸质，长圆形或长圆状椭圆形。圆锥花序腋生，花冠白色，内面有紫色条纹。荚果阔舌状。花期4月，果期5—6月。生于山地疏林、河边或村旁旷野。可用于园林绿化。

两粤黄檀（粤桂黄檀）

- ◆ 学名：*Dalbergia benthamii* (*Dalbergia benthami*)
- ◆ 科属：豆科黄檀属

藤本，有时为灌木。羽状复叶，小叶2~3对，近革质，卵形或椭圆形，先端钝，微缺，基部楔形。花芳香，白色。荚果。花期2—4月，果期4—5月。生于疏林或灌丛中，常攀缘于树上。

藤黄檀

◆ 学名：*Dalbergia hancei*
◆ 科属：豆科黄檀属

藤本。枝纤细，小枝有时变钩状或旋扭。羽状复叶，小叶3~6对，较小，狭长圆或倒卵状长圆形。总状花序，花冠绿白色，芳香。荚果扁平。花期4—5月，果期7—8月。生于山坡灌丛中或山谷溪旁。根、茎入药。

斜叶黄檀

◆ 学名：*Dalbergia pinnata*
◆ 科属：豆科黄檀属

乔木，高5~13m，或有时具长而曲折的枝条成为藤状灌木。羽状复叶，小叶10~20对，纸质，斜长圆形。圆锥花序，花冠白色。荚果薄。花期1—2月，果期6—7月。生于山地密林中。全株药用。

藤槐

- ◆ 学名：*Bowringia callicarpa*
- ◆ 科属：豆科藤槐属

攀缘灌木。单叶，近革质，长圆形或卵状长圆形，先端渐尖或短渐尖，基部圆形。总状花序或排列成伞房状，花疏生，花冠白色。荚果卵形或卵球形。花期4—6月，果期7—9月。生于山谷林缘、河溪旁或路边。

小刀豆

- 学名：*Canavalia cathartica*
- 科属：豆科刀豆属

二年生草质藤本。羽状复叶具3小叶，小叶纸质、卵形，先端急尖或圆，基部宽楔形、截平或圆。花冠粉红色或近紫色。荚果长圆形。花果期3—10月。生于海滨或河滨，攀缘于石壁或灌木上。紫金新记录。

厚果崖豆藤

- 学名：*Millettia pachycarpa*
- 科属：豆科崖豆藤属

巨大藤本，长达15m。羽状复叶，小叶6~8对，长圆状椭圆形至长圆状披针形，先端锐尖，基部楔形或圆钝。总状圆锥花序，花冠淡紫色。荚果长圆形。花期4—6月，果期6—11月。生于山坡常绿阔叶林内。

中南鱼藤

- 学名：*Derris fordii*
- 科属：豆科鱼藤属

攀缘状灌木。羽状复叶，小叶2~3对，厚纸质或薄革质，卵状长椭圆形或椭圆形。圆锥花序，花冠白色。荚果薄革质。花期4—5月，果期10—11月。生于山地路旁、山谷的灌木林或疏林中。

白花油麻藤（禾雀花）

◆ **学名**：*Mucuna birdwoodiana*
◆ **科属**：豆科油麻藤属

常绿、大型木质藤本。羽状复叶具3小叶，小叶近革质，顶生小叶椭圆形、卵形或略呈倒卵形。总状花序有花20~30朵，常呈束状，花冠白色或带绿白色。果木质，带形。花期4—6月，果期6—11月。生于路旁、溪边，常攀缘于树干上。常见栽培。

鸡眼草

- 学名：*Kummerowia striata*
- 科属：豆科鸡眼草属

一年生草本，高5~45cm。叶为三出羽状复叶，小叶纸质，倒卵形、长倒卵形或长圆形，较小，全缘。花小，单生或2~3朵簇生于叶腋，花冠粉红色或紫色。荚果。花期7—9月，果期8—10月。生于路旁、田边、溪旁等处。全草供药用。

截叶铁扫帚

- 学名：*Lespedeza cuneata*
- 科属：豆科胡枝子属

小灌木，高达1m。叶密集，小叶楔形或线状楔形，先端截形成近截形，具小刺尖，基部楔形。总状花序具2~4朵花，花冠淡黄色或白色。花期7—8月，果期9—10月。生于山坡路旁或荒地上。可栽培用于观赏。

排钱草(排钱树)

◆ 学名:*Phyllodium pulchellum*
◆ 科属:豆科排钱树属

灌木,高0.5~2m。小叶革质,顶生小叶卵形、椭圆形或倒卵形,侧生小叶约比顶生小叶小1倍。伞形花序有花5~6朵,藏于叶状苞片内,花冠白色或淡黄色。荚果。花期7—9月,果期10—11月。生于路旁或山坡疏林中。根、叶供药用;可用于园林绿化。

葫芦茶

◆ 学名：*Tadehagi triquetrum*
◆ 科属：豆科葫芦茶属

灌木或亚灌木，高1~2m。叶仅具单小叶，叶柄两侧有宽翅，小叶纸质，狭披针形至卵状披针形，先端急尖，基部圆形或浅心形。总状花序，花2~3朵簇生于每节上，花冠淡紫色或蓝紫色。花期6—10月，果期10—12月。生于荒地或山地林缘、路旁。全株供药用。

三点金

- ◆ 学名：*Grona triflora (Desmodium triflorum)*
- ◆ 科属：豆科假地豆属（山蚂蝗属）

多年生草本平卧，长10~50cm。叶为羽状三出复叶，小叶3，纸质，顶生小叶倒心形、倒三角形或倒卵形。花单生或2~3朵簇生于叶腋，花冠紫红色。荚果扁平。花果期6—10月。生于旷野草地、路旁或河边沙土上。全草入药；可用作地被植物。

假地豆

- ◆ 学名：*Grona heterocarpos (Desmodium heterocarpon)*
- ◆ 科属：豆科假地豆属（山蚂蝗属）

小灌木或亚灌木，高30~150cm。叶为羽状三出复叶，小叶3，小叶纸质，顶生小叶椭圆形、长椭圆形或宽倒卵形。总状花序顶生或腋生，花极密，花冠紫红色、紫色或白色。荚果密集。花期7—10月，果期10—11月。生于山坡草地、水旁、灌丛或林中。全株供药用。

猫尾草（兔尾草）

- 学名：*Uraria crinita*
- 科属：豆科狸尾豆属

亚灌木，高1~1.5m。叶为奇数羽状复叶，茎下部通常为3，上部为5，少有为7，小叶近革质，长椭圆形、卵状披针形或卵形。总状花序，花冠紫色。荚果。花果期4—9月。多生于干燥坡地、路旁或灌丛中。全草供药用；可栽培观赏。

圆叶野扁豆

◆ 学名：*Dunbaria rotundifolia*
◆ 科属：豆科野扁豆属

多年生缠绕藤本。叶具羽状3小叶，小叶纸质，顶生小叶圆菱形，宽常稍大于长。花1~2朵腋生，花冠黄色。荚果线状长椭圆形，扁平。果期9—10月。生于灌丛、旷野或路边。

贼小豆

◆ 学名：*Vigna minima*
◆ 科属：豆科豇豆属

一年生缠绕草本。羽状复叶具3小叶，小叶的形状和大小变化颇大，卵形、卵状披针形、披针形或线形。总状花序有花3~4朵，花冠黄色，旗瓣极外弯。荚果圆柱形。花、果期8—10月。生于灌丛、草丛或路边。

葛

- 学名：*Pueraria montana*
- 科属：豆科葛属

粗壮藤本，长可达8m。羽状复叶具3小叶，小叶三裂，偶尔全缘，顶生小叶宽卵形或斜卵形。总状花序，中部以上有颇密集的花，花冠紫色。荚果长椭圆形。花期9—10月，果期11—12月。生于林中、林缘或路边。葛根供药用，茎皮纤维供织布和造纸用。

野葛（葛麻姆）

- 学名：*Pueraria montana* var. *lobata*
- 科属：豆科葛属

本变种与葛区别在于顶生小叶宽卵形，长大于宽，先端渐尖，基部近圆形，通常全缘，侧生小叶略小而偏斜，两面均被长柔毛，下面毛较密，旗瓣圆形。花期7—9月，果期10—12月。生于旷野灌丛中或山地疏林下。

三裂叶野葛

◆ 学名：*Pueraria phaseoloides*
◆ 科属：豆科葛属

草质藤本。羽状复叶具3小叶，小叶宽卵形、菱形或卵状菱形，顶生小叶较宽，全缘或3裂。总状花序，中部以上有花，花冠浅蓝色或淡紫色。荚果近圆柱状。花期8—9月，果期10—11月。生于山地、丘陵的灌丛中。可作饲料和绿肥作物。紫金新记录。

亮叶鸡血藤（亮叶崖豆藤）

◆ 学名：*Callerya nitida* (*Millettia nitida*)
◆ 科属：豆科鸡血藤属（崖豆藤属）

攀缘灌木。羽状复叶，小叶2对，卵状披针形或长圆形，先端钝渐尖，基部圆形或钝。圆锥花序，花冠青紫色。荚果。花期5—9月，果期7—11月。生于山地疏林或路边。园林中可用于棚架绿化。

齿果草

◆ 学名：*Salomonia cantoniensis*
◆ 科属：远志科齿果草属

　　一年生直立草木，高5~25cm。单叶互生，叶片膜质，卵状心形或心形，先端钝，具短尖头，基部心形。花极小，花瓣3，淡红色。蒴果肾形。花期7—8月，果期8—10月。生于山坡林下、灌丛中或草地。全草入药。

华南远志

◆ 学名：*Polygala chinensis*
◆ 科属：远志科远志属

一年生直立草本，高10~90cm。叶互生，叶片纸质，倒卵形、椭圆形或披针形，全缘。总状花序，花少而密集，花瓣3，淡黄色或白带淡红色。蒴果。花期4—10月，果期5—11月。生于山坡草地、灌丛或路边。全草入药。

黄花倒水莲（黄花远志）

- ◆ 学名：*Polygala fallax*
- ◆ 科属：远志科远志属

灌木或小乔木，高1~3m。单叶互生，叶片膜质，披针形至椭圆状披针形，先端渐尖，基部楔形至钝圆，全缘。总状花序顶生或腋生，花瓣正黄色，3枚。蒴果阔倒心形至圆形。花期5—8月，果期8—10月。生于山谷林下水旁阴湿处。根入药。

粗叶悬钩子

- **学名:** *Rubus alceifolius* (*Rubus alceaefolius*)
- **科属:** 蔷薇科悬钩子属

攀缘灌木,高达5m。单叶,近圆形或宽卵形,顶端圆钝,稀急尖,基部心形,边缘不规则3~7浅裂。花序狭圆锥或近总状,花瓣白色。果实近球形,红色。花期7—9月,果期10—11月。生于向阳山坡、山谷杂木林内。根和叶入药。

白花悬钩子

- **学名:** *Rubus leucanthus*
- **科属:** 蔷薇科悬钩子属

攀缘灌木,高1~3m。小叶3枚,生于枝上部或花序基部的有时为单叶,革质,卵形或椭圆形,边缘有粗单锯齿。花3~8朵形成伞房状花序,白色。果实近球形,红色。花期4—5月,果期6—7月。生于林中、林缘或路边。果可供食用;根入药。

茅莓

◆ 学名：*Rubus parvifolius*
◆ 科属：蔷薇科悬钩子属

灌木，高1~2m。小叶3枚，在新枝上偶有5枚，菱状圆形或倒卵形，顶端圆钝或急尖，基部圆形或宽楔形。伞房花序具花数朵至多朵，花粉红至紫红色。果实卵球形，红色。花期5—6月，果期7—8月。生于山林下、路旁或荒野。果实可供食用；全株入药。

锈毛莓

◆ 学名：*Rubus reflexus*
◆ 科属：蔷薇科悬钩子属

攀缘灌木，高达2m。单叶，心状长卵形，边缘3~5裂，有不整齐的粗锯齿或重锯齿，基部心形。短总状花序，花瓣白色。果实近球形，深红色。花期6—7月，果期8—9月。生于山坡、山谷灌丛或疏林中。果可食；根入药。

深裂锈毛莓

- ◆ 学名：*Rubus reflexus* var. *lanceolobus*
- ◆ 科属：蔷薇科悬钩子属

攀缘灌木，高达2m。单叶，叶片心状宽卵形或近圆形，边缘5~7深裂，裂片披针形或长圆披针形。短总状花序，花瓣白色。果实近球形，深红色。花期6—7月，果期8—9月。生于山坡、山谷灌丛或疏林中。果可食；根入药。

空心泡（蔷薇莓）

- ◆ 学名：*Rubus rosifolius* (*Rubus rosaefolius*)
- ◆ 科属：蔷薇科悬钩子属

直立或攀缘灌木，高2~3m。小叶5~7枚，卵状披针形或披针形，顶端渐尖，基部圆形。花常1~2朵顶生或腋生，花瓣白色。果实卵球形或长圆状卵圆形，红色。花期3—5月，果期6—7月。生于山地杂木林内或路边。果可食；根、嫩枝及叶入药。

小果蔷薇

◆ 学名：*Rosa cymosa*
◆ 科属：蔷薇科蔷薇属

攀缘灌木，高2~5m。小叶3~5，稀7，小叶片卵状披针形或椭圆形，稀长圆披针形，先端渐尖，基部近圆形。花多朵成复伞房花序，花瓣白色。果球形，红色至黑褐色。花期5—6月，果期7—11月。生于向阳山坡、路旁、溪边或丘陵地。

金樱子

◆ 学名：*Rosa laevigata*
◆ 科属：蔷薇科蔷薇属

常绿攀缘灌木，高可达5m。小叶革质，通常3，稀5，小叶片椭圆状卵形、倒卵形，边缘有锐锯齿。花单生，白色。果梨形、倒卵形，稀近球形。花期4—6月，果期7—11月。生于林缘、田边或灌木丛中。果实可熬糖及酿酒；根、叶、果均入药；可栽培观赏。

皱果蛇莓

◆ 学名：*Duchesnea chrysantha*
◆ 科属：蔷薇科蛇莓属

多年生草本，匍匐茎长30~50cm。小叶片菱形、倒卵形或卵形，先端圆钝，基部楔形，边缘有钝或锐锯齿。花黄色。瘦果，红色。花期5—7月，果期6—9月。生在草地、林缘或路边。茎叶药用。紫金新记录。

腺叶桂樱

◆ 学名：*Laurocerasus phaeosticta*
◆ 科属：蔷薇科桂樱属

常绿灌木或小乔木，高4~12m。叶片近革质，狭椭圆形、长圆形或长圆状披针形，稀倒卵状长圆形。总状花序具花数朵至10余朵，花瓣白色。果实近球形或横向椭圆形。花期4—5月，果期7—10月。生于林中、山谷、溪旁或路边。

石斑木（春花）

- 学名：*Rhaphiolepis indica*
- 科属：蔷薇科石斑木属

常绿灌木，稀小乔木，高可达4m。叶片集生于枝顶，卵形、长圆形、稀倒卵形或长圆披针形。顶生圆锥花序或总状花序，花瓣5，白色或淡红色。果实球形，紫黑色。花期4月，果期7—8月。生于山坡、路边或溪边灌木林中。木材质重坚韧；果实可食。

豆梨

- ◆ 学名：*Pyrus calleryana*
- ◆ 科属：蔷薇科梨属

乔木，高5~8m。叶片宽卵形至卵形，稀长椭卵形，先端渐尖，稀短尖，基部圆形至宽楔形，边缘有钝锯齿。伞形总状花序，具花6~12朵，花瓣白色。梨果球形。花期4月，果期8—9月。生于山坡或山谷中。可栽培观赏。

翼核果

◆ 学名：*Ventilago leiocarpa*
◆ 科属：鼠李科翼核果属

藤状灌木。叶薄革质，卵状矩圆形或卵状椭圆形，稀卵形，顶端渐尖或短渐尖，稀锐尖，基部圆形或近圆形。花小，两性，5基数。核果，具翅。花期3—5月，果期4—7月。生于疏林下或灌丛中。根入药。

多花勾儿茶（勾儿茶）

- 学名：*Berchemia floribunda*
- 科属：鼠李科勾儿茶属

藤状或直立灌木。叶纸质，上部叶较小，卵形或卵状椭圆形至卵状披针形。花多数，花序长可达15cm，花瓣倒卵形。核果圆柱状椭圆形。花期7—10月，果期翌年4—7月。生于山坡、沟谷、林缘、林下或路边。嫩叶可代茶。

枳椇（拐枣）

- 学名：*Hovenia acerba*
- 科属：鼠李科枳椇属

高大乔木，高10~25m。叶互生，厚纸质至纸质，宽卵形、椭圆状卵形或心形。二歧式聚伞圆锥花序，花两性，花瓣椭圆状匙形。浆果状核果近球形。花期5—7月，果期8—10月。生于开旷地、山坡林缘或疏林中。果序轴可食；种子入药；可用于绿化观赏。

狭叶山黄麻

◆ 学名：*Trema angustifolia*
◆ 科属：大麻科（榆科）山黄麻属

灌木或小乔木。叶卵状披针形，先端渐尖或尾状渐尖，基部圆，稀浅心形，边缘有细锯齿。花单性，雌雄异株或同株，花被片5。核果宽卵状或近圆球形，熟时橘红色。花期4—6月，果期8—11月。生于向阳山坡灌丛或疏林中。韧皮纤维可造纸。

异色山黄麻

◆ 学名：*Trema orientalis*
◆ 科属：大麻科（榆科）山黄麻属

乔木，高达20m。叶革质，坚硬但易脆，卵状矩圆形或卵形，先端常渐尖或锐尖，基部心形，两面异色。花被片5。核果卵状球形或近球形。花期3—6月，果期6—11月。生于山坡灌丛或路边。

二色波罗蜜

◆ 学名：*Artocarpus styracifolius*
◆ 科属：桑科波罗蜜属

乔木，高达20m。叶互生排为2列，长圆形或倒卵状披针形，有时椭圆形，全缘。花雌雄同株，花序单生叶腋，雄花序椭圆形，白色。聚花果球形，黄色。花期夏末秋初，果期秋末冬初。生于林中。果酸甜，可作果酱。

藤构

◆ **学名**：*Broussonetia kaempferi* var. *australis*
◆ **科属**：桑科构属

蔓生藤状灌木。叶互生，螺旋状排列，近对称的卵状椭圆形，先端渐尖至尾尖，基部心形或截形，边缘锯齿细。花雌雄异株，雄花序短穗状，雌花集生为球形头状花序。聚花果。花期4—6月，果期5—7月。生于山谷灌丛中或沟边山坡路旁。韧皮纤维可用于造纸。

石榕树（牛奶子）

◆ **学名**：*Ficus abelii*
◆ **科属**：桑科榕属

灌木，高1~2.5m。叶纸质，窄椭圆形至倒披针形，先端短渐尖至急尖，基部楔形，全缘。榕果单生叶腋，近梨形。雄花花被片3，瘿花花被合生，雌花无花被。瘦果。花果期全年。生于山谷或溪边湿地上。

黄毛榕

- **学名**：*Ficus esquiroliana*
- **科属**：桑科榕属

小乔木或灌木，高约4~10m。叶互生，纸质，广卵形，表面疏生糙伏状长毛，边缘有细锯齿。榕果腋生，圆锥状椭圆形。雄花花被片4，瘿花花被与雄花同，雌花花被4。瘦果。花果期全年。生于山谷或溪边林中。

水同木

◆ 学名：*Ficus fistulosa*
◆ 科属：桑科榕属

常绿小乔木。叶互生，纸质，倒卵形至长圆形，先端具短尖，基部斜楔形或圆形，全缘或微波状。榕果簇生于老干发出的瘤状枝上，近球形。雄花花被片3~4，瘿花花被片极短或不存，雌花生于另一植株榕果内。瘦果。花期5—7月。生于溪边岩石上或森林中。

粗叶榕（五指毛桃）

◆ 学名：*Ficus hirta*
◆ 科属：桑科榕属

灌木或小乔木。叶互生，纸质，多型，长椭圆状披针形或广卵形，边缘具细锯齿，有时全缘或3~5深裂。榕果成对腋生或生于已落叶枝上。雌花果球形，雄花及瘿花果卵球形，无柄或近无柄，雄花花被片4，瘿花及雌花花被片4。瘦果椭圆球形。花果期全年。生于疏林中、林缘或路边。民间常用根煲汤或入药。

琴叶榕

- 学名：*Ficus pandurata*
- 科属：桑科榕属

小灌木，高1~2m。叶纸质，提琴形或倒卵形，先端急尖有短尖，基部圆形至宽楔形。榕果单生叶腋，鲜红色。雄花花被片4，线形，瘿花及雌花花被片3~4。花果期5—11月。生于山地、旷野或灌丛林下。

薜荔（凉粉果）

- 学名：*Ficus pumila*
- 科属：桑科榕属

攀缘或匍匐灌木。叶两型，不结果枝叶卵状心形，薄革质，叶小，结果枝上的叶革质，叶大，卵状椭圆形。榕果单生叶腋。花被片雄花2~3，瘿花3~4，雌花4~5。瘦果。花果期全年。生于石壁或树干上。瘦果水洗可作凉粉；藤叶药用；园林中常用于观赏。

笔管榕

◆ 学名：*Ficus subpisocarpa* (*Ficus superba* **var.** *japonica*)
◆ 科属：桑科榕属

落叶乔木。叶互生或簇生，近纸质，无毛，椭圆形至长圆形，先端短渐尖，基部圆形。榕果单生、成对或簇生于叶腋或生无叶枝上。雄花、瘿花、雌花生于同一榕果内，花被片3。花果期全年。生于林缘或路边。可用于园林绿化。

杂色榕（青果榕）

◆ 学名：*Ficus variegata*
◆ 科属：桑科榕属

乔木，高7~10m。叶互生，厚纸质，广卵形至卵状椭圆形，顶端渐尖或钝，基部圆形至浅心形。榕果簇生于老茎发出的瘤状短枝上，球形，成熟榕果红色。雄花及雌花花被片3~4，瘿花花被合生。瘦果。花期5—12月。生于山谷林中。

变叶榕

- 学名：*Ficus variolosa*
- 科属：桑科榕属

灌木或小乔木，高3~10m。叶薄革质，狭椭圆形至椭圆状披针形，先端钝或钝尖，基部楔形。榕果成对或单生叶腋，球形。瘿花花柱短，雌花生另一植株榕果内壁，花被片3~4。瘦果。花果期全年。生于灌林中、溪边林下潮湿处。茎、叶及根入药。

短叶赤车

- 学名：*Pellionia brevifolia*
- 科属：荨麻科赤车属

小草本，长12~30cm。叶片草质，斜椭圆形或斜倒卵形，顶端钝或圆形，基部在狭侧钝或楔形。花序雌雄异株或同株，雄花花被片5，雌花有多数密集的花。瘦果狭卵球形。花果期3—10月。生于山地林中、山谷溪边或石边。

紫玉盘柯

◆ 学名：*Lithocarpus uvariifolius*
◆ 科属：壳斗科柯属

乔木，高10~15m。叶革质或厚纸质，倒卵形、倒卵状椭圆形，有时椭圆形，叶缘近顶部有少数浅裂齿或波浪状。雄花序穗状，雌花常生于雄花序轴的基部，每3朵一簇，有时单朵散生。壳斗深碗状或半圆形。花期5—7月，果翌年10—12月成熟。生于山地常绿阔叶林中。嫩叶可代茶。

黧蒴锥

- 学名：*Castanopsis fissa*
- 科属：壳斗科锥属

乔木，高约10~20m。叶坚纸质，椭圆形、长椭圆形或倒卵状椭圆形。花序白色。壳斗被暗红褐色粉末状蜡鳞，坚果圆球形或椭圆形。花期4—6月，果当年10—12月成熟。生于山地疏林中。

杨梅

◆ 学名：*Myrica rubra*
◆ 科属：杨梅科杨梅属

常绿乔木，高可达15m以上。叶革质，长椭圆状或楔状披针形、楔状倒卵形或长椭圆状倒卵形。花雌雄异株，雄花序圆柱状，雌花序较雄花序短而细瘦。核果成熟时深红色或紫红色。花期4月，果期6—7月。生于山坡或山谷林中。野生者味酸，可食。

黄杞（少叶黄杞）

◆ 学名：*Engelhardtia roxburghiana* (*Engelhardia fenzlii*)
◆ 科属：胡桃科烟包树属

半常绿乔木，高达10余m。偶数羽状复叶，小叶3~5对，叶片革质，长椭圆状披针形至长椭圆形，全缘。雌雄同株或稀异株。果实坚果状，球形，3裂的苞片托于果实基部。花期5—6月，果期8—9月。生于林中。

裂叶秋海棠

◆ 学名：Begonia palmata
◆ 科属：秋海棠科秋海棠属

多年生草本，高15~60cm。叶互生，轮廓阔斜卵形，具不规则的5~7浅裂，基部斜心形，边缘具锯齿。聚伞花序，花淡红色或白色。蒴果。花期夏季，果期秋季。生于林下、山谷阴湿处或覆土湿润的石壁上。紫金新记录。

青江藤

- 学名：*Celastrus hindsii*
- 科属：卫矛科南蛇藤属

　　常绿藤本。叶纸质或革质，长方窄椭圆形或卵窄椭圆形至椭圆倒披针形，边缘具疏锯齿。顶生聚伞圆锥花序，花淡绿色。果实近球状或稍窄，假种皮橙红色。花期5—7月，果期7—10月。生于灌丛或山地林中。

疏花卫矛

◆ 学名：*Euonymus laxiflorus*
◆ 科属：卫矛科卫矛属

灌木，高达4m。叶纸质或近革质，卵状椭圆形、长方椭圆形或窄椭圆形，先端钝渐尖，基部阔楔形或稍圆，全缘或具不明显的锯齿。聚伞花序5~9花，花紫色，5数。蒴果紫红色。花期3—6月，果期7—11月。长于林缘、路边或林中。皮入药。

程香仔树

◆ 学名：*Loeseneriella concinna*
◆ 科属：卫矛科（翅子藤科）翅子藤属

藤本。叶纸质，长圆状椭圆形，基部圆形，顶端钝或短尖，叶缘具明显疏圆齿。聚伞花序，花疏，花淡黄色。蒴果倒卵状椭圆形，基部具膜质的翅。花期5—6月，果期10—12月。生于山谷林中。

小叶红叶藤（红叶藤）

- 学名：*Rourea microphylla*
- 科属：牛栓藤科红叶藤属

攀缘灌木，高1~4m。奇数羽状复叶，小叶通常7~17片，有时多至27片，小叶片坚纸质至近革质，卵形、披针形或长圆披针形。圆锥花序，花瓣白色、淡黄色或淡红色。蓇葖果红色。花期3—9月，果期5月至翌年3月。生于山坡或疏林中。茎皮入药。

山杜英

◆ 学名：*Elaeocarpus sylvestris*
◆ 科属：杜英科杜英属

小乔木，高约10m。叶纸质，倒卵形或倒披针形，先端钝，或略尖，基部窄楔形，边缘有钝锯齿或波状钝齿。总状花序，花瓣白色，上半部撕裂。核果。花期4—5月，果期秋季。生于常绿林里。常用于园林绿化。

小盘木

◆ 学名：*Microdesmis caseariifolia*
◆ 科属：小盘木科（攀打科）小盘木属

乔木或灌木，高3~8m。叶片纸质至薄革质，披针形、长圆状披针形至长圆形，顶端渐尖或尾状渐尖，基部楔形或阔楔形。花小，黄色。核果圆球状，红色。花期3—9月，果期7—11月。生于山谷、山坡密林下或灌木丛中。

木竹子（多花山竹子）

- 学名：*Garcinia multiflora*
- 科属：藤黄科藤黄属

乔木，稀灌木，高3~15m。叶片革质，卵形，长圆状卵形或长圆状倒卵形，顶端急尖，渐尖或钝，基部楔形或宽楔形。花杂性，同株，花瓣橙黄色。果卵圆形至倒卵圆形，成熟时黄色。花期6—8月，果期11—12月。生于林中、沟谷边缘或灌丛中。皮入药。

岭南山竹子（海南山竹子）

◆ 学名：*Garcinia oblongifolia*
◆ 科属：藤黄科藤黄属

乔木或灌木，高5~15m。叶片近革质，长圆形、倒卵状长圆形至倒披针形，顶端急尖或钝，基部楔形。花小单性，异株，花瓣橙黄色或淡黄色。浆果，黄色。花期4—5月，果期10—12月。生于平地、丘陵、沟谷密林或疏林中。果可食；种子油可作工业用。

黄牛木

- 学名：*Cratoxylum cochinchinense*
- 科属：金丝桃科（藤黄科）黄牛木属

落叶灌木或乔木，高1.5~25m。叶片椭圆形至长椭圆形或披针形，先端骤然锐尖或渐尖，基部钝形至楔形。聚伞花序，花粉红至红黄色。蒴果。花期4—5月，果期6月以后。生于林中、灌丛中或路边。根、树皮及嫩叶入药；嫩叶可代茶；园林中偶见栽培。

地耳草

◆ 学名：*Hypericum japonicum*
◆ 科属：金丝桃科金丝桃属

一年生或多年生草本，高2~45cm。叶无柄，叶片通常卵形或卵状三角形至长圆形或椭圆形，基部心形抱茎至截形。花序具1~30花，花瓣白色、淡黄至橙黄色。蒴果。花期3月，果期6—10月。生于田边、沟边、草地或路边。全草入药。

七星莲（蔓茎堇菜）

◆ 学名：*Viola diffusa*
◆ 科属：堇菜科堇菜属

一年生草本。基生叶多数，丛生呈莲座状，或于匍匐枝上互生，叶片卵形或卵状长圆形。花较小，淡紫色或浅黄色。蒴果长圆形。花期3—5月，果期5—8月。生于山地林下、林缘、草坡、溪谷旁、岩石缝隙中。全草入药。

爪哇脚骨脆（毛叶嘉赐树）

- 学名：*Casearia velutina* (*Casearia villilimba*)
- 科属：杨柳科（大风子科）脚骨脆属

灌木或小乔木，高1.5~2.5m或更高。叶纸质，卵状长圆形，稀卵形，先端渐尖或急尖，基部圆形，边缘有锐齿。花小，两性，绿白色至黄白色，数朵簇生于叶腋，芳香。果成熟时黄色。花期3月，果期4—5月。生于疏林中、林缘或路边。

天料木

◆ 学名：*Homalium cochinchinense*
◆ 科属：杨柳科（大风子科）天料木属

小乔木或灌木，高2~10m。叶纸质，宽椭圆状长圆形至倒卵状长圆形，边缘有疏钝齿。花多数，单个或簇生排成总状，花瓣匙形。蒴果。花期全年，果期9—12月，主花期4—5月。生于山地阔叶林中。

红背山麻杆

◆ 学名：*Alchornea trewioides*
◆ 科属：大戟科山麻杆属

灌木，高1~2m。叶薄纸质，阔卵形，顶端急尖或渐尖，基部浅心形或近截平，边缘疏生具腺小齿。雌雄异株，雄花序穗状，雌花序总状，顶生，具花5~12朵。蒴果球形。花期3—5月，果期6—8月。生于疏林下或路边。枝、叶入药。

白背叶

- ◆ 学名：*Mallotus apelta*
- ◆ 科属：大戟科野桐属

灌木或小乔木，高1~4m。叶互生，卵形或阔卵形，稀心形，边缘具疏齿。花雌雄异株，雄花序为开展的圆锥花序或穗状，雌花花梗极短。蒴果近球形。花期6—9月，果期8—11月。生于山坡或山谷灌丛中。

粗毛野桐

- ◆ 学名：*Mallotus hookerianus*
- ◆ 科属：大戟科野桐属

灌木或小乔木，高1.5~6m。叶对生，小型叶退化成托叶状，钻形，大型叶近革质，长圆状披针形，边近全缘或波状。花雌雄异株，雄花序总状，雌花单生，有时2~3朵组成总状花序。蒴果。花期3—5月，果期8—10月。生于山地林中或路边。

石岩枫

◆ 学名：*Mallotus repandus*
◆ 科属：大戟科野桐属

攀缘状灌木。叶互生，纸质或膜质，卵形或椭圆状卵形，边全缘或波状，嫩叶两面均被星状柔毛。花雌雄异株，雄花序顶生，稀腋生，苞腋有花2~5朵。蒴果。花期3—5月，果期8—9月。生于山地疏林中、林缘或路边。

鼎湖血桐

◆ 学名：*Macaranga sampsonii*
◆ 科属：大戟科血桐属

灌木或小乔木，高2~7m。叶薄革质，三角状卵形或卵圆形，近盾状着生，叶缘波状或具腺的粗锯齿。花序圆锥状，雄花萼片3枚，雌花萼片4（~3）枚。蒴果双球形。花期5—6月，果期7—8月。生于山地、山谷林中。

毛果巴豆

- 学名: *Croton lachnocarpus*
- 科属: 大戟科巴豆属

灌木,高1~3m。叶纸质,长圆形、长圆状椭圆形至椭圆状卵形,边缘有不明显细锯齿。总状花序1~3个,顶生,雄花花瓣长圆形,雌花萼片披针形。蒴果。花期4—5月,果期7—9月。生于山地疏林或灌丛中。

巴豆

- 学名: *Croton tiglium*
- 科属: 大戟科巴豆属

灌木或小乔木,高3~6m。叶纸质,卵形,稀椭圆形,边缘有细锯齿,有时近全缘。总状花序顶生,雄花花蕾近球形,雌花萼片长圆状披针形。蒴果椭圆状。花期4—6月,果期秋季。生于山地疏林中。种子供药用,有大毒。紫金新记录。

木油桐（千年桐、皱果桐）

- 学名：*Vernicia montana*
- 科属：大戟科油桐属

落叶乔木，高达20m。叶阔卵形，顶端短尖至渐尖，基部心形至截平，全缘或2~5裂。花瓣白色或基部紫红色且有紫红色脉纹。核果卵球状，具皱纹。花期4—5月，果期夏秋。生于疏林中。种子可制工业原料桐油；为优良观赏植物，可引种用于城镇绿化。

山乌桕

- 学名：*Triadica cochinchinensis* (*Sapium discolor*)
- 科属：大戟科乌桕属（美洲桕属）

乔木或灌木，高3~12m。叶互生，纸质，嫩时呈淡红色，叶片椭圆形或长卵形。花单性，雌雄同株，密集成长4~9cm的顶生总状花序。蒴果黑色。花期4—6月，果期8—9月。生于山谷或山坡混交林中。根皮入药；秋叶变红，可引种用于园林绿化。

乌桕

- ◆ 学名：*Triadica sebifera* (*Sapium sebiferum*)
- ◆ 科属：大戟科乌桕属（美洲柏属）

乔木，高可达15m。叶互生，纸质，叶片菱形、菱状卵形或稀有菱状倒卵形，全缘。花单性，雌雄同株，聚集成顶生的总状花序。蒴果梨状球形，成熟时黑色。花期4—8月，果期9—10月。生于疏林中。根皮入药；种子油可作涂料；可引种用于园林观赏。

银柴

- ◆ 学名：*Aporosa dioica* (*Aporusa dioica*)
- ◆ 科属：叶下珠科（大戟科）银柴属

乔木或呈灌木状，高达9m。叶片革质，椭圆形、长椭圆形、倒卵形或倒披针形，全缘或具有稀疏的浅锯齿。穗状花序，雄花萼片通常4，雌花萼片4~6。花果期几乎全年。生于山地疏林中、林缘或山坡灌木丛中。

余甘子（油甘）

- 学名：*Phyllanthus emblica*
- 科属：叶下珠科（大戟科）叶下珠属

乔木，高达23m。叶片纸质至革质，二列，线状长圆形。多朵雄花和1朵雌花或全为雄花组成腋生的聚伞花序，萼片黄色。蒴果呈核果状，圆球形。花期4—6月，果期7—9月。生于山地疏林或山沟向阳处。果可食；根叶药用；可用于绿化观赏。

小果叶下珠

- 学名：*Phyllanthus reticulatus*
- 科属：叶下珠科（大戟科）叶下珠属

灌木，高达4m。叶片膜质至纸质，椭圆形、卵形至圆形。通常2~10朵雄花和1朵雌花簇生于叶腋，稀组成聚伞花序。蒴果呈浆果状。花期3—6月，果期6—10月。生于山地林下或灌木丛中。根、叶供药用。

毛果算盘子

◆ 学名：*Glochidion eriocarpum*
◆ 科属：叶下珠科（大戟科）算盘子属

灌木，高达5m。叶片纸质，卵形、狭卵形或宽卵形。花单生或2~4朵簇生于叶腋内，雌花生于小枝上部，雄花则生于下部，萼片6。蒴果扁球状。花果期几乎全年。生于山坡、山谷灌木丛中或林缘。根、叶供药用。

厚叶算盘子

◆ 学名：*Glochidion hirsutum*
◆ 科属：叶下珠科（大戟科）算盘子属

灌木或小乔木，高1~8m。叶片革质，卵形、长卵形或长圆形。聚伞花序，萼片6。蒴果扁球状。花果期几乎全年。生于山地林下或河边、沼地灌木丛中。根、叶供药用。

黑面神

- 学名：*Breynia fruticosa*
- 科属：叶下珠科（大戟科）黑面神属

灌木，高1~3m。叶片革质，卵形、阔卵形或菱状卵形。花小，单生或2~4朵簇生于叶腋内，雄花花萼陀螺状，雌花花萼钟状。蒴果圆球状。花期4—9月，果期5—12月。散生于山坡、平地旷野灌木丛中或林缘。根、叶供药用。

圆叶节节菜

- 学名：*Rotala rotundifolia*
- 科属：千屈菜科节节菜属

一年生湿生草本，高5~30cm。叶对生，近圆形、阔倒卵形或阔椭圆形。花单生，组成顶生稠密的穗状花序，花瓣4，淡紫红色。蒴果椭圆形。花果期12月至翌年6月。生于水田或潮湿的地方。可引种于绿地的浅水边栽培观赏。

紫薇（痒痒树）

- ◆ 学名：*Lagerstroemia indica*
- ◆ 科属：千屈菜科紫薇属

落叶灌木或小乔木，高可达7m。叶互生或有时对生，纸质，椭圆形、阔矩圆形或倒卵形。花淡红色、紫色或白色。蒴果。花期6—9月，果期9—12月。生于林缘或疏林中，栽培或野生。树皮、叶及花入药。

草龙

◆ **学名**：*Ludwigia hyssopifolia*
◆ **科属**：柳叶菜科丁香蓼属

一年生直立草本，茎高60~200cm。叶披针形至线形，先端渐狭或锐尖，基部狭楔形。花腋生，萼片4，花瓣4，黄色。蒴果。花果期几乎全年。生于田边、水沟、河滩、塘边等处。全草入药。

毛草龙

◆ **学名**：*Ludwigia octovalvis*
◆ **科属**：柳叶菜科丁香蓼属

多年生粗壮直立草本或亚灌木状，高50~200cm。叶披针形至线状披针形，先端渐尖或长渐尖，基部渐狭。花瓣黄色，倒卵状。蒴果圆柱状。花期6—8月，果期8—11月。生于田边、湖塘边、沟谷旁及开旷湿润处。

岗松

- 学名：*Baeckea frutescens*
- 科属：**桃金娘科岗松属**

灌木，有时为小乔木。叶片狭线形或线形，有透明油腺点，干后褐色。花小，白色，单生于叶腋内。蒴果小。花期夏秋，果期秋季。生于草坡与灌丛中。叶、根入药。

蒲桃

- ◆ 学名：*Syzygium jambos*
- ◆ 科属：桃金娘科蒲桃属

乔木，高10m。叶片革质，披针形或长圆形，先端长渐尖，基部阔楔形。聚伞花序顶生，有花数朵，花白色。果实球形，果皮肉质。花期3—4月，果实5—6月成熟。喜生河边及河谷湿地。为岭南传统果树，也可用于绿化观赏。

桃金娘（岗稔）

- ◆ 学名：*Rhodomyrtus tomentosa*
- ◆ 科属：桃金娘科桃金娘属

灌木，高1~2m。叶对生，革质，叶片椭圆形或倒卵形，先端圆或钝，常微凹入。花有长梗，常单生，紫红色，花瓣5。浆果卵状壶形。花期4—5月，果期9—10月。生于丘陵坡地或路边。果可食；根入药；可栽培观赏。

野生观赏花卉 被子植物

谷木

◆ 学名：*Memecylon ligustrifolium*
◆ 科属：野牡丹科谷木属

大灌木或小乔木，高1.5~7m。叶片革质，椭圆形至卵形，或卵状披针形，全缘。聚伞花序，花瓣白色、淡黄绿色或紫色。浆果状核果球形。花期4—7月，果期9月至翌年2月。生于林中。

少花柏拉木

- ◆ 学名：*Blastus pauciflorus*
- ◆ 科属：野牡丹科柏拉木属

灌木，高约70cm。叶片纸质，卵状披针形至卵形，近全缘或具极细的小齿。花序顶生，花瓣粉红色至紫红色，卵形。蒴果椭圆形。花期7月，果期10月。生于低海拔的山坡、林下。全株入药。

地稔（地苓）

- 学名：*Melastoma dodecandrum*
- 科属：野牡丹科野牡丹属

小灌木，长10~30cm。叶片坚纸质，卵形或椭圆形，全缘或具密浅细锯齿。聚伞花序，有花1~3朵，花瓣淡紫红色至紫红色。果坛状球状，平截。花期5—7月，果期7—9月。生于山坡矮草丛中。果可食，亦可酿酒；全株供药用。可用作地被植物。

细叶野牡丹

- 学名：*Melastoma intermedium*
- 科属：野牡丹科野牡丹属

小灌木和灌木，高30~60cm。叶片坚纸质或略厚，椭圆形或长圆状椭圆形，全缘。伞房花序，有花1~5朵，花瓣玫瑰红色至紫色。果坛状球形，平截。花期7—9月，果期10—12月。生于山坡或田边矮草丛中。

野牡丹

◆ **学名：** *Melastoma malabathricum*
◆ **科属：** 野牡丹科野牡丹属

灌木，高0.5~1.5m。叶片坚纸质，全缘，7基出脉。伞房花序有花3~5朵，稀单生，花瓣玫瑰红色或粉红色。蒴果坛状球形。花期5—7月，果期10—12月。生于山坡林下或灌草丛中。根、叶入药；可栽培观赏。

毛稔(毛菍)

◆ 学名: *Melastoma sanguineum*
◆ 科属: 野牡丹科野牡丹属

大灌木,高1.5~3m;茎、小枝、叶柄、花梗及花萼均被平展的长粗毛。叶片坚纸质,卵状披针形至披针形。伞房花序,常1花,有时3~5,花瓣粉红色或紫红色。果杯状球形。主要花果期8—10月。生于沟边、草丛或矮灌丛中。果可食;根、叶可供药用。

金锦香

◆ 学名: *Osbeckia chinensis*
◆ 科属: 野牡丹科金锦香属

直立草本或亚灌木,茎四棱形。叶片坚纸质,线形或线状披针形,全缘,两面被糙伏毛。头状花序,顶生,有花2~10朵,花瓣4,淡紫红色或粉红色。蒴果紫红色。花期7—9月,果期9—11月。生于荒山草坡、路旁、田边或疏林下。紫金新记录。

锐尖山香圆

- 学名：*Turpinia arguta*
- 科属：省沽油科山香圆属

落叶灌木，高1~3m。单叶，对生，厚纸质，椭圆形或长椭圆形，边缘具疏锯齿。顶生圆锥花序，花白色，萼片5，绿色。果近球形，幼时绿色，转红色，干后黑色。花期3—4月，果期9—10月。生于山坡、山谷疏林中。

岭南酸枣（岭南酸素）

- 学名：*Spondias lakonensis*
- 科属：漆树科槟榔青属

落叶乔木，高8~15m。奇数羽状复叶，有小叶5~11对，小叶对生或互生，长圆形或长圆状披针形。圆锥花序，花白色。核果，成熟时带红色。花期4—5月，果期8—9月。生于向阳山坡疏林中。果酸甜可食，有酒香；种子榨油可作肥皂；可作庭园绿化树种。

盐肤木

- **学名：** *Rhus chinensis*
- **科属：** 漆树科盐肤木属

落叶小乔木或灌木，高 2~10m。奇数羽状复叶有小叶 2~6 对，小叶多形、卵形、椭圆状卵形或长圆形，边缘具粗锯齿或圆齿。圆锥花序，花白色。核果略压扁，成熟时红色。花期 8—9 月，果期 10 月。生于山坡、沟谷、疏林或灌丛中。根、叶、花及果供药用。

野漆

- **学名：** *Toxicodendron succedaneum*
- **科属：** 漆树科漆树属

落叶乔木或小乔木，高达 10m。奇数羽状复叶互生，有小叶 4~7 对，小叶对生或近对生，长圆状椭圆形、阔披针形或卵状披针形，全缘。圆锥花序，花黄绿色。核果。花期 4—5 月，果期 9—10 月。生于林中。根、叶及果入药；种子可制作漆蜡。

楝叶吴萸

◆ 学名：*Tetradium glabrifolium* (*Evodia glabrifolia*)
◆ 科属：芸香科吴茱萸属（洋茱萸属）

树高达20m。叶有小叶7~11片，很少5片或更多，小叶斜卵状披针形，叶缘有细钝齿或全缘。花序顶生，花多，花瓣白色。分果瓣淡紫红色。花期7—9月，果期10—12月。生于阔叶林中。材质佳，为优良用材树种；根及果用作草药。

飞龙掌血

- 学名：*Toddalia asiatica*
- 科属：芸香科飞龙掌血属

木质攀缘藤本，蔓生。叶互生，指状3出叶，叶有类似柑橘叶的香气，卵形、倒卵形、椭圆形或倒卵状椭圆形。花淡黄白色。果橙红或朱红色。花期春季，果期秋季。生于次生林中或路边。全株入药。

簕檔花椒（花椒簕）

- 学名：*Zanthoxylum avicennae*
- 科属：芸香科花椒属

落叶乔木，高稀达15m。叶有小叶11~21片，小叶通常对生或偶有不整齐对生，斜卵形、斜长方形或呈镰刀状，有时倒卵形。花序顶生，花多，花瓣黄白色。分果瓣淡紫红色。花期6—8月，果期10—12月。生于平地、坡地或谷地。叶、根皮及果皮民间入药。

两面针

- 学名：*Zanthoxylum nitidum*
- 科属：芸香科花椒属

幼龄植株为灌木，成株为木质藤本。叶有小叶（3）5~11片，小叶对生，阔卵形或近圆形，边缘有疏浅裂齿。花序腋生，花瓣淡黄绿色。果皮红褐色。花期3—5月，果期9—11月。生于山地疏林、路边或灌丛中。根、茎、叶、果皮入药；有小毒，入药慎用。

三桠苦

- ◆ 学名：*Melicope pteleifolia* (*Euodia lepta*)
- ◆ 科属：芸香科蜜茱萸属（洋茱萸属）

乔木。3小叶，有时偶有2小叶或单小叶同时存在，小叶长椭圆形，两端尖，有时倒卵状椭圆形，全缘。花序腋生，花瓣淡黄或白色。分果瓣淡黄或茶褐色。花期4—6月，果期7—10月。生于平地、山地或谷地。根、叶、果都入药。

降真香（山油柑）

- ◆ 学名：*Acronychia pedunculata*
- ◆ 科属：芸香科山油柑属

树高5~15m。叶片椭圆形至长圆形，或倒卵形至倒卵状椭圆形，全缘。花两性，黄白色。果序下垂，果淡黄色。花期4—8月，果期8—12月。生于坡地、沟谷及杂木林中。根、叶、果入药，有柑橘叶香气；可用于绿化。

苦楝（楝）

- **学名**：*Melia azedarach*
- **科属**：楝科楝属

落叶乔木，高达10余m。叶为2~3回奇数羽状复叶，小叶对生、卵形、椭圆形至披针形，顶生一片通常略大，边缘有钝锯齿。圆锥花序，花瓣淡紫色。核果。花期4—5月，果期10—12月。生于旷野、路旁或疏林中。鲜叶可作农药；可用于园林绿地栽培观赏。

刺果藤

◆ 学名：*Byttneria grandifolia* (*Byttneria aspera*)
◆ 科属：锦葵科（梧桐科）刺果藤属

木质大藤本。叶广卵形、心形或近圆形，顶端钝或急尖，基部心形。花小，淡黄白色，内面略带紫红色。蒴果。花期春夏季，果期夏秋。生于疏林中、山谷溪旁或路边。

马松子

- 学名：*Melochia corchorifolia*
- 科属：锦葵科（梧桐科）马松子属

半灌木状草本，高不及1m。叶薄纸质，卵形、矩圆状卵形或披针形，稀有不明显的3浅裂，边缘有锯齿。花瓣5，白色，后变为淡红色。蒴果。花期夏秋，果期秋冬。生于灌丛中或路边。

甜麻

- 学名：*Corchorus aestuans*
- 科属：锦葵科（椴树科）黄麻属

一年生草本，高约1m。叶卵形或阔卵形，顶端短渐尖或急尖，基部圆形，边缘有锯齿。花单独或数朵组成聚伞花序生于叶腋或腋外，花瓣5片，黄色。蒴果长筒形。花期夏季，果期秋季。生于荒地、旷野、村旁。嫩叶可供食用，也可入药。

毛刺蒴麻

- **学名**：*Triumfetta cana*
- **科属**：锦葵科（椴树科）刺蒴麻属

木质草本，高1.5m。叶卵形或卵状披针形，先端渐尖，基部圆形，边缘有不整齐锯齿。聚伞花序，花黄色。蒴果球形。花期夏秋间。生于次生林、灌丛中或路边。

山芝麻

- **学名**：*Helicteres angustifolia*
- **科属**：锦葵科（梧桐科）山芝麻属

小灌木，高达1m。叶狭矩圆形或条状披针形。聚伞花序有2至数朵花，花瓣5片，不等大，淡红色或紫红色。蒴果卵状矩圆形。花期几乎全年。生于草坡、路边或沟谷中。根入药。

两广梭罗

◆ 学名：*Reevesia thyrsoidea*
◆ 科属：锦葵科（梧桐科）梭罗树属

常绿乔木。叶革质，矩圆形、椭圆形或矩圆状椭圆形。聚伞状伞房花序顶生，花瓣5片，白色，匙形。蒴果矩圆状梨形。花期3—4月，果期8—12月。生于山坡上或山谷溪旁。

假苹婆

◆ 学名：*Sterculia lanceolata*
◆ 科属：锦葵科（梧桐科）苹婆属

乔木。叶椭圆形、披针形或椭圆状披针形。圆锥花序腋生，花淡红色，萼片5枚，仅于基部连合。蓇葖果鲜红色，长卵形或长椭圆形，种子黑褐色。花期4—6月，果期7—8月。生于山谷溪旁或坡地中。常用作园林绿化树种。

翻白叶树（半枫荷）

- 学名：*Pterospermum heterophyllum*
- 科属：锦葵科（梧桐科）翅子树属

乔木，高达20m。叶二形，生于幼树或萌蘖枝上的叶盾形，掌状3~5裂，生于成长的树上的叶矩圆形至卵状矩圆形。花单生或2~4朵腋生，花青白色。蒴果木质。花期夏季，果期秋季。生于阔叶林。根可供药用；为优良观赏植物，可栽培观赏。

黄葵

- ◆ 学名：*Abelmoschus moschatus*
- ◆ 科属：锦葵科秋葵属

一年生或二年生草本，高1~2m。叶通常掌状5~7深裂，裂片披针形至三角形，边缘具不规则锯齿，偶有浅裂似槭叶状。花单生，黄色，内面基部暗紫色。蒴果。花期6—10月。生于山坡灌丛或路边。种子可提制芳香油，也可入药；花大可供园林观赏。

地桃花（肖梵天花）

- ◆ 学名：*Urena lobata*
- ◆ 科属：锦葵科梵天花属

直立亚灌木状草本，高达1m。茎下部的叶近圆形，先端浅3裂，边缘具锯齿，中部的叶卵形，上部的叶长圆形至披针形。花腋生，淡红色，花瓣5。果扁球形。花期7—10月，果期秋季。生于旷地、草坡或疏林下。根入药。

赛葵

◆ 学名：*Malvastrum coromandelianum*
◆ 科属：锦葵科赛葵属

亚灌木状，直立，高达1m。叶卵状披针形或卵形，先端钝尖，基部宽楔形至圆形，边缘具粗锯齿。花单生于叶腋，花黄色。果扁球形。花果期几乎全年。生于路边、灌丛等处，原产美洲。全草入药。

白背黄花稔

◆ 学名：*Sida rhombifolia*
◆ 科属：锦葵科黄花稔属

直立亚灌木，高约1m。叶菱形或长圆状披针形，边缘具锯齿。花单生于叶腋，花黄色。果半球形。花果期5—12月。常生于山坡灌丛间、旷野和沟谷两岸。

了哥王（南岭荛花）

- 学名：*Wikstroemia indica*
- 科属：瑞香科荛花属

灌木，高0.5~2m或过之。叶对生，纸质至近革质，倒卵形、椭圆状长圆形或披针形。花黄绿色，数朵组成顶生头状总状花序，花黄绿色。果椭圆形，成熟时红色至暗紫色。花果期夏秋间。生于林下、石山上或路边。全株有毒，可入药。

细轴荛花

◆ 学名：*Wikstroemia nutans*
◆ 科属：瑞香科荛花属

灌木，高1~2m或过之。叶对生，卵形、卵状椭圆形至卵状披针形。花黄绿色，4~8朵组成顶生近头状的总状花序。果椭圆形，成熟时深红色。花期春季至初夏，果期夏秋间。生于林缘、路边或疏林中。全株药用；纤维可制高级纸及人造棉。

广州山柑（广州槌果藤）

◆ 学名：*Capparis cantoniensis*
◆ 科属：山柑科山柑属

攀缘灌木，茎2至数米或更长。叶近革质，长圆形或长圆状披针形，有时卵形。圆锥花序顶生，花白色，有香味。果球形至椭圆形。花果期几乎全年。生于沟旁、路边或疏林中。根藤入药。

疏花蛇菰

◆ 学名：*Balanophora laxiflora*
◆ 科属：蛇菰科蛇菰属

草本，高10~20cm，全株鲜红色至暗红色，有时转紫红色。花雌雄异株（序），雄花序圆柱状，花被裂片通常5（有时4或6），近圆形，雌花序卵圆形至长圆状椭圆形。花期9—11月。生于林下。全株入药。

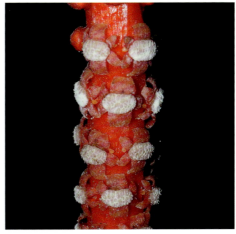

寄生藤

◆ 学名：*Dendrotrophe varians*
◆ 科属：檀香科寄生藤属

木质藤本，常呈灌木状，枝长2~8m。叶厚，多少软革质，倒卵形至阔椭圆形，顶端圆钝。花通常单性，雌雄异株，雄花球形，5~6朵集成聚伞状花序，雌花或两性花通常单生。核果红色。花期1—3月，果期6—8月。生长于山地灌丛中，常攀缘于树上。

棱枝槲寄生（柿寄生）

- 学名：*Viscum angulatum*
- 科属：檀香科（桑寄生科）槲寄生属

亚灌木，高0.3~0.5m。幼苗期具叶2~3对，叶片薄革质，椭圆形或长卵形，成长植株的叶退化呈鳞片状。聚伞花序，1~3个腋生，花极小，萼片4枚。果椭圆状或卵球形，黄色或橙色。花果期4—12月。生于平原或山地林中。

瘤果槲寄生

- 学名：*Viscum ovalifolium*
- 科属：檀香科（桑寄生科）槲寄生属

灌木，高约0.5m。叶对生，革质，卵形、倒卵形或长椭圆形。聚伞花序，一个或多个簇生于叶腋，具花3朵，萼片4枚。果成熟时淡黄色。花果期几全年。生于林中。枝、叶入药。紫金新记录。

鞘花

- **学名**：*Macrosolen cochinchinensis*
- **科属**：桑寄生科鞘花属

灌木，高0.5~1.3m。叶革质，阔椭圆形至披针形，有时卵形。总状花序具花4~8朵，花冠橙色，裂片6枚。果近球形，橙色。花期2—6月，果期5—8月。生于常绿阔叶林中。全株药用。

广寄生（桑寄生）

- 学名：*Taxillus chinensis*
- 科属：**桑寄生科钝果寄生属**

灌木，高0.5~1m。叶对生或近对生，厚纸质，卵形至长卵形。伞形花序具花1~4朵，通常2朵，花褐色。果椭圆状或近球形，成熟果浅黄色。花果期4月至翌年1月。生于常绿阔叶林中。全株入药，药材称"广寄生"。

离瓣寄生

◆ 学名：*Helixanthera parasitica*
◆ 科属：桑寄生科离瓣寄生属

灌木，高1~1.5m。叶对生，纸质或薄革质，卵形至卵状披针形。总状花序，具花40~60朵，花红色、淡红色或淡黄色。果椭圆状，红色。花期1—7月，果期5—8月。生于常绿阔叶林中。茎、叶入药。紫金新记录。

毛蓼

- ◆ 学名：*Persicaria barbata*
- ◆ 科属：蓼科蓼属

多年生草本，高40~90cm。叶披针形或椭圆状披针形，顶端渐尖，基部楔形，边缘具缘毛。总状花序呈穗状，花白色或淡绿色。瘦果卵形。花期8—9月，果期9—10月。生于沟边湿地、水边。

长箭叶蓼

- ◆ 学名：*Persicaria hastatosagittata* (*Polygonum hastato-sagittatum*)
- ◆ 科属：蓼科蓼属（萹蓄属）

一年生草本，茎直立或下部近平卧，高40~90cm。叶披针形或椭圆形。总状花序呈短穗状，顶生或腋生，花被5深裂，淡红色。瘦果。花期8—9月，果期9—10月。生于水边、沟边湿地。

青葙

- 学名：*Celosia argentea*
- 科属：苋科青葙属

一年生草本，高0.3~1m。叶片矩圆披针形、披针形或披针状条形。花多数，密生，花被片初为白色顶端带红色，或全部粉红色，后成白色。胞果。花期5—8月，果期6—10月。生于路边、丘陵或坡地。种子供药用；嫩茎叶可作野菜食用；可栽培观赏。

常山

- 学名：*Dichroa febrifuga*
- 科属：绣球花科（虎耳草科）常山属

灌木，高1~2m。叶形状大小变异大，常椭圆形、倒卵形、椭圆状长圆形或披针形，边缘具锯齿或粗齿，稀波状。伞房状圆锥花序，花蓝色或白色。浆果纹。花期2—4月，果期5—8月。生于林中或林缘。根入药。

毛八角枫

- 学名：*Alangium kurzii*
- 科属：山茱萸科（八角枫科）八角枫属

落叶小乔木，稀灌木，高5~10m。叶互生，纸质，近圆形或阔卵形，全缘。聚伞花序有5~7花，花瓣6~8，线形，初白色，后变淡黄色。核果。花期5—6月，果期9月。生于山地林中或路旁。种子可榨油，供工业用；可用于园林绿化。

华凤仙

◆ 学名：*Impatiens chinensis*
◆ 科属：凤仙花科凤仙花属

一年生草本，高30~60cm。叶对生，线形或线状披针形，稀倒卵形。花较大，单生或2~3朵簇生于叶腋，紫红色。蒴果椭圆形，中部膨大，顶端喙尖。花期5—8月，果期8—10月，其他季节也可见花。常生于沟旁、田边或湿地。全草入药。

五列木

◆ 学名：*Pentaphylax euryoides*
◆ 科属：**五列木科五列木属**

常绿乔木或灌木，高4~10m。单叶互生，革质，卵形、卵状长圆形或长圆状披针形。总状花序腋生或顶生，花白色。蒴果椭圆状。花期4—6月，果期10—11月。生于林中或路边。木材坚硬，可供建筑用材。

杨桐

- **学名：** *Adinandra millettii*
- **科属：** 五列木科（山茶科）杨桐属

灌木或小乔木，高2~16m。叶互生，革质，长圆状椭圆形，边全缘，极少沿上半部疏生细锯齿。花单朵腋生，花瓣5，白色。果圆球形。花期5—7月，果期8—10月。生于山坡路旁、灌丛中或沟谷中。

乌材

- 学名：*Diospyros eriantha*
- 科属：柿科柿属

常绿乔木或灌木，高可达16m。叶纸质，长圆状披针形。花序腋生，雄花1~3朵簇生，花冠白色，高脚碟状，雌花单生，花冠淡黄色，4裂。果卵形或长圆形。花期7—8月，果期10月至翌年1—2月。生于山地林中或灌丛中。材质硬重，优良建筑用材。

罗浮柿

- 学名：*Diospyros morrisiana*
- 科属：柿科柿属

乔木或小乔木，高可达20m。叶薄革质，长椭圆形或下部的为卵形。雄花序短小，雄花带白色，雌花腋生，单生。果球形，黄色。花期5—6月，果期11月。生于山坡、山谷林中或路边。茎皮、叶、果入药。

鲫鱼胆

- ◆ **学名**：*Maesa perlarius*
- ◆ **科属**：报春花科（紫金牛科）杜茎山属

小灌木，高1~3m。叶片纸质或近坚纸质，广椭圆状卵形至椭圆形，边缘从中下部以上具粗锯齿，下部常全缘。总状花序或圆锥花序，花冠白色，钟形。果球形。花期3—4月，果期12月至翌年5月。生于山坡、路边等处。全株供药用。

泽珍珠菜

- 学名：*Lysimachia candida*
- 科属：报春花科黄连花属

一年生或二年生草本，高10~30cm。基生叶匙形或倒披针形，茎叶互生，很少对生，叶片倒卵形、倒披针形或线形，边缘全缘或微皱呈波状。总状花序，花冠白色。蒴果球形。花期3—6月，果期4—7月。生于田边、溪边和山坡路旁潮湿处。全草入药。

星宿菜（红根草）

- 学名：*Lysimachia fortunei*
- 科属：报春花科黄连花属

多年生草本，高30~70cm。叶互生，叶片长圆状披针形至狭椭圆形。总状花序顶生，花冠白色。蒴果球形。花期6—8月，果期8—11月。生于沟边、田边等低湿处。民间常用草药。

酸藤子（酸果藤）

◆ 学名：*Embelia laeta*
◆ 科属：报春花科（紫金牛科）酸藤子属

攀缘灌木或藤本，稀小灌木，长1~3m。叶片坚纸质，倒卵形或长圆状倒卵形。总状花序，有花3~8朵，花4数，花瓣白色或带黄色。果球形。花期12月至翌年3月，果期4—6月。生于林下、林缘、灌木丛中或路边。根、叶入药。

白花酸藤果

◆ 学名：*Embelia ribes*
◆ 科属：报春花科（紫金牛科）酸藤子属

攀缘灌木或藤本，长3~6m，有时达9m以上。叶片坚纸质，倒卵状椭圆形或长圆状椭圆形，全缘。花5数，稀4数，花瓣淡绿色或白色。果球形或卵形，红色或深紫色。花期1—7月，果期5—12月。生于林内、林缘、灌木丛中或路边。根入药。

厚叶白花酸藤果

◆ 学名：*Embelia ribes* **subsp.** *pachyphylla*
 (*Embelia ribes* **var.** *pachyphylla*)
◆ 科属：**报春花科（紫金牛科）酸藤子属**

攀缘灌木或藤本，长3~6m。叶片厚，革质或几肉质，稀坚纸质，叶面光滑，常具皱纹，中脉下陷。花5数，稀4数，花瓣淡绿色或白色。果较小。花期1—7月，果期5—12月。生于疏、密林下或灌木丛中。

九管血

◆ 学名：*Ardisia brevicaulis*
◆ 科属：报春花科（紫金牛科）紫金牛属

矮小灌木，直立茎高10~15cm。叶片坚纸质，狭卵形或卵状披针形，近全缘。伞形花序，花瓣粉红色。果球形，鲜红色。花期6—7月，果期10—12月。生于林下或阴湿的地方。全株入药。

朱砂根

- ◆ 学名：*Ardisia crenata*
- ◆ 科属：报春花科（紫金牛科）紫金牛属

灌木，高1~2m。叶片革质或坚纸质，椭圆形、椭圆状披针形至倒披针形。伞形花序或聚伞花序，花瓣白色，稀略带粉红色。果球形，鲜红色。花期5—6月，果期10—12月，有时2~4月。生于林下或阴湿的灌丛中。民间常用草药；常盆栽观赏。

灰色紫金牛

- 学名：*Ardisia fordii*
- 科属：报春花科（紫金牛科）紫金牛属

小灌木，高30~60cm。叶片坚纸质，椭圆状披针形或倒披针形，全缘。伞形花序，少花，花瓣红色或粉红色。果球形，深红色。花期6—8月，果期10—12月，有时达2月。生于林下阴湿的地方或溪旁。紫金新记录。

山血丹

◆ **学名：** *Ardisia lindleyana (Ardisia punctata)*
◆ **科属：** 报春花科（紫金牛科）紫金牛属

灌木或小灌木，高1~2m。叶片革质或近坚纸质，长圆形至椭圆状披针形，近全缘或具微波状齿。花单生或稀为复伞形花序，白色。果球形，深红色。花期5—7月，果期10—12月。生于山谷、林下、水旁和阴湿的地方。根入药。

虎舌红

◆ 学名：*Ardisia mamillata*
◆ 科属：报春花科（紫金牛科）紫金牛属

矮小灌木，高不超过15cm。叶片坚纸质，倒卵形至长圆状倒披针形，两面绿色或暗紫红色，被锈色或有时为紫红色糙伏毛。伞形花序，花瓣粉红色。果球形，鲜红色。花期6—7月，果期11月至翌年1月。生于山谷林下阴湿的地方。为民间常用的中草药。

光萼紫金牛

- 学名：*Ardisia omissa*
- 科属：报春花科（紫金牛科）紫金牛属

常绿亚灌木，高1.5~10cm。叶螺旋状着生，近莲座状，叶长圆状椭圆形、稀为倒卵状椭圆形，纸质。花序腋生，花冠淡红色。果球形，鲜红色。花期7月，果期11月至翌年4月。生于疏林下、路边等处。

罗伞树

- 学名：*Ardisia quinquegona*
- 科属：报春花科（紫金牛科）紫金牛属

灌木或灌木状小乔木，高约2m。叶片坚纸质，长圆状披针形、椭圆状披针形至倒披针形，全缘。聚伞花序或亚伞形花序，花瓣白色。果扁球形。花期5—6月，果期12月或翌年2—4月。生于山坡林中、溪边阴湿处或路边。全株入药。

木荷

- ◆ 学名：*Schima superba*
- ◆ 科属：山茶科木荷属

大乔木，高25m。叶革质或薄革质，椭圆形，边缘有钝齿。花常多朵排成总状花序，白色。蒴果。花期6—8月，果期秋冬。生于常绿林中。为耐火的先锋树种，常用于建造防火隔离带。为优良观赏树种，可用于园林观赏。

大果核果茶（石笔木）

- 学名：*Pyrenaria spectabilis (Tutcheria championi)*
- 科属：山茶科核果茶属（石笔木属）

常绿乔木。叶革质，椭圆形或长圆形，边缘有小锯齿。花单生，白色或淡黄色，花瓣5片。蒴果球形。花期6月，果期秋季。生于沟谷、溪边或林中。

油茶

- ◆ 学名：*Camellia oleifera*
- ◆ 科属：山茶科山茶属

灌木或中乔木。叶革质，椭圆形、长圆形或倒卵形，边缘有细锯齿，有时具钝齿。花顶生，花瓣白色，5~7片。蒴果。花期冬春间，果期秋季。为著名木本油料作物；可栽培观赏。

白檀

◆ 学名：*Symplocos paniculata*
◆ 科属：山矾科山矾属

落叶灌木或小乔木。叶膜质或薄纸质，阔倒卵形、椭圆状倒卵形或卵形，边缘有细尖锯齿。圆锥花序，花冠白色。核果熟时蓝色。花期3—5月，果期夏秋。生于山坡、路边或林中。叶药用；根皮与叶可作农药；可引种栽培用于观赏。

大花野茉莉（兰屿安息香）

◆ **学名：** *Styrax grandiflorus*
◆ **科属：** 安息香科安息香属

灌木或小乔木，高4~7m。叶纸质或近革质，椭圆形、长椭圆形或卵状长圆形，边近全缘或有时上部具疏离锯齿。总状花序有花3~9朵，花白色。果实卵形。花期4—6月，果期8—10月。生于沟谷边或山中路边。花美丽，可用于观赏。紫金新记录。

白花龙

- 学名：*Styrax faberi*
- 科属：安息香科安息香属

灌木，高1~2m。叶互生，纸质，有时侧枝最下两叶近对生而较大，椭圆形、倒卵形或长圆状披针形。总状花序有花3~5朵，花白色。果实倒卵形或近球形。花期4—6月，果期8—10月。生于灌丛中。花美丽，可栽培观赏。

栓叶安息香

- 学名：*Styrax suberifolius*
- 科属：安息香科安息香属

乔木，高4~20m。叶互生，革质，椭圆形、长椭圆形或椭圆状披针形。总状花序或圆锥花序，花白色，花冠4~5裂，裂片披针形或长圆形。果实卵状球形。花期3—5月，果期9—11月。生于常绿阔叶林中或山地路边。根和叶可做药用。

水东哥

◆ 学名：*Saurauia tristyla*
◆ 科属：猕猴桃科水东哥属

灌木或小乔木，高3~6m，稀达12m。叶倒卵状椭圆形、稀阔椭圆形，叶缘具刺状锯齿。聚伞花序单生或2~3个簇生，花粉红色或近白色。果球形，白色。花期5—6月，果期7—9月。生于丘陵、山地林下、灌丛中或沟谷中。叶入药；可栽培观赏。

阔叶猕猴桃

- 学名：*Actinidia latifolia*
- 科属：猕猴桃科猕猴桃属

大型落叶藤本。叶坚纸质，通常为阔卵形，有时近圆形或长卵形。聚伞花序，有香气，花开放时反折，花瓣前半部及边缘部分白色，下半部的中央部分橙黄色。果暗绿色。花期5—6月，果期11月。生于沟谷的灌丛中。可栽培用于棚架绿化。

齿缘吊钟花

◆ 学名：*Enkianthus serrulatus*
◆ 科属：杜鹃花科吊钟花属

落叶灌木或小乔木，高2.6~6m。叶密集枝顶，厚纸质，长圆形或长卵形，边缘具细锯齿。伞形花序有花2~6朵，下垂，花冠钟形，白绿色。蒴果。花期4月，果期5—7月。生于山坡或山脊上。花美丽，可用于观赏。

丁香杜鹃（华丽杜鹃）

◆ **学名**：*Rhododendron farrerae*
◆ **科属**：杜鹃花科杜鹃花属

落叶灌木，高1.5~3m。叶近于革质，常集生枝顶，卵形。花1~2朵顶生，先花后叶，花冠辐状漏斗形，紫丁香色。蒴果长圆柱形。花期3—4月，果期6—8月。生于山地山坡或山脊处。花美丽，可用于观赏。紫金新记录。

龙岩杜鹃

◆ 学名：*Rhododendron florulentum*
◆ 科属：杜鹃花科杜鹃花属

灌木。叶革质，卵形或椭圆形至椭圆状卵形，不等大。伞形花序顶生，通常有花12~14朵，花冠管状漏斗形，淡红色。花期5月。生于山坡灌丛或杂木林内。紫金新记录。

毛棉杜鹃

- 学名：*Rhododendron moulmainense*
- 科属：杜鹃花科杜鹃花属

灌木或小乔木，高2~8m。叶厚革质，集生枝端，近于轮生，长圆状披针形或椭圆状披针形，边缘反卷。伞形花序有花3~5朵，花冠淡紫色、粉红色或淡红白色。蒴果圆柱状。花期4—5月，果期7—12月。生于灌丛或疏林中。花大美丽，可用于观赏。

杜鹃（映山红）

- ◆ 学名：*Rhododendron simsii*
- ◆ 科属：杜鹃花科杜鹃花属

落叶灌木，高2~5m。叶革质，卵形、椭圆状卵形、倒卵形或倒卵形至倒披针形，具细齿。花2~6朵簇生枝顶，花冠阔漏斗形，玫瑰色、鲜红色或暗红色。蒴果。花期4—5月，果期6—8月。生于山地疏灌丛或路边。为著名观赏植物，常用于庭园绿化。

狭叶珍珠花

◆ 学名：*Lyonia ovalifolia* var. *lanceolata*
◆ 科属：杜鹃花科珍珠花属

常绿落叶灌木或小乔木，高8~16m。叶椭圆状披针形，先端钝尖或渐尖，基部狭窄，楔形或阔楔形。总状花序，花冠圆筒状，白色。蒴果球形。花期5—6月，9月也可见花，果期秋季。生于林中。紫金新记录。

羊角藤

- ◆ 学名：*Morinda umbellata* subsp. *obovata*
- ◆ 科属：茜草科木巴戟属

藤本、攀缘或缠绕，有时呈披散灌木状。叶纸质或革质，倒卵形、倒卵状披针形或倒卵状长圆形。头状花序具花6~12朵，花冠白色。聚花核果。花期6—7月，果熟期10—11月。攀缘于山地林下、溪旁、路旁等灌木上。果供观赏，可引种栽培。

鸡矢藤

- ◆ 学名：*Paederia foetida*
- ◆ 科属：茜草科鸡矢藤属

藤状灌木。叶对生，卵形或披针形，顶端短尖或削尖，基部浑圆。圆锥花序，花冠紫蓝色，通常被绒毛。果阔椭圆形，压扁。花果期春至秋。生于低海拔的疏林内、路边或灌丛中。

九节

- ◆ 学名：*Psychotria asiatica (Psychotria rubra)*
- ◆ 科属：茜草科九节属

灌木或小乔木，高0.5~5m。叶对生，纸质或革质，长圆形、椭圆状长圆形或倒披针状长圆形。聚伞花序多花，花冠白色。核果红色。花果期全年。生于山坡、山谷溪边、灌丛或路边。嫩枝、叶、根可作药用。果红色，可引种栽培观赏。

蔓九节

- ◆ 学名：*Psychotria serpens*
- ◆ 科属：茜草科九节属

攀缘藤本，长可达6m或更长。叶对生，年幼植株的叶多呈卵形或倒卵形，成株的叶多呈椭圆形、披针形、倒披针形或倒卵状长圆形。聚伞花序，花白色。浆果状核果。花期4—6月，果期全年。生于沟谷水旁的灌丛或林中。全株药用。

金草

- ◆ 学名：*Hedyotis acutangula*
- ◆ 科属：茜草科毛瓣耳草属

直立常亚灌木状草本，高25~60cm。叶无柄或近无柄，革质，卵状披针形或披针形，全缘或具小腺齿。花序顶生，花4数，白色。蒴果。花果期5—10月。生于旷地或路边。全株入药。

牛白藤

- ◆ 学名：*Hedyotis hedyotidea*
- ◆ 科属：茜草科毛瓣耳草属

藤状灌木，长3~5m。叶对生，长卵形或卵形。由10~20朵花集聚而成一伞形花序，花冠白色，管形。蒴果近球形。花期4—7月，果期秋季。生于沟谷灌丛中路边。全株入药。

水团花（水杨梅）

- 学名：*Adina pilulifera*
- 科属：茜草科水团花属

常绿灌木至小乔木，高达5m。叶对生，椭圆形至椭圆状披针形。头状花序，花冠白色，窄漏斗状。果序球形，小蒴果楔形。花期6—7月，果期秋季。生于山谷疏林下或旷野路旁、溪边水畔。全株入药；木材可供雕刻；可引种用于庭园观赏。

楠藤（厚叶白纸扇）

- 学名：*Mussaenda erosa*
- 科属：茜草科玉叶金花属

攀缘灌木，高3m。叶对生，纸质，长圆形、卵形至长圆状椭圆形。伞房状多歧聚伞花序顶生，花疏生，橙黄色，花叶阔椭圆形。浆果近球形或阔椭圆形。花期4—7月，果期9—12月。生于疏林中或路边，常攀于乔木树冠上。茎、叶和果均入药。

小玉叶金花

- 学名：*Mussaenda parviflora*
- 科属：茜草科玉叶金花属

攀缘灌木或藤本。叶对生，厚纸质，卵形、椭圆状卵形或披针形。聚伞花序顶生或生于上部叶腋，花叶白色，花冠管圆筒形。浆果椭圆形。花期4—5月，果期8—12月。生于森林和灌丛中。

水锦树

- 学名：*Wendlandia uvariifolia*
- 科属：茜草科水锦树属

灌木或乔木，高2~15m。叶纸质，宽椭圆形、长圆形、卵形或长圆状披针形。圆锥状的聚伞花序顶生，多花，花小，常数朵簇生，白色。蒴果小，球形。花期1—5月，果期4—10月。生于林中、林缘、灌丛中或溪边。叶和根入药。

香港大沙叶

- 学名：*Pavetta hongkongensis*
- 科属：茜草科大沙叶属

灌木或小乔木，高1~4m。叶对生，膜质，长圆形至椭圆状倒卵形。花序多花，花冠白色。果球形。花期3—4月。生于沟谷旁或灌木丛中。全株入药；花洁白，可栽培观赏。

白花苦灯笼（乌口树）

- 学名：*Tarenna mollissima*
- 科属：茜草科乌口树属

灌木或小乔木，高1~6m。叶纸质，披针形、长圆状披针形或卵状椭圆形。伞房状的聚伞花序顶生，多花，花冠白色，开放时外反。果近球形。花期5—7月，果期5月至翌年2月。生于沟谷边的林中或灌丛中。根和叶入药。

栀子（山栀子）

- 学名：*Gardenia jasminoides*
- 科属：茜草科栀子属

灌木，高0.3~3m。叶对生，革质，稀为纸质，少为3枚轮生，叶形多样，通常为长圆状披针形、倒卵状长圆形、倒卵形或椭圆形。花芳香，花冠白色或乳黄色，高脚碟状。果黄色或橙红色。花期3—7月，果期5月至翌年2月。生于山地路边、灌丛或林下。

香楠

- 学名：*Aidia canthioides*
- 科属：茜草科茜树属

无刺灌木或乔木，高1~12m。叶对生，长圆状椭圆形、长圆状披针形或披针形。聚伞花序有花数朵至十余朵，花冠高脚碟形，白色或黄白色。浆果球形。花期4—6月，果期5月至翌年2月。生于山坡、沟谷边的灌丛中或林中。

茜树

- 学名：*Aidia cochinchinensis*
- 科属：茜草科茜树属

无刺灌木或乔木，高2~15m。叶革质或纸质，对生，椭圆状长圆形、长圆状披针形或狭椭圆形。聚伞花序，花冠黄色或白色，有时红色。浆果球形。花期3—6月，果期5月至翌年2月。生于山坡、山谷溪边的灌丛或林中。

多毛茜草树

- 学名：*Aidia pycnantha*
- 科属：茜草科茜树属

无刺灌木或乔木，高2~12m。叶革质或纸质，长圆形、长圆状披针形或长圆状倒披针形。聚伞花序，多花，花冠白色或淡黄色，高脚碟形。浆果球形。花期3—9月，果期4—12月。生于山坡、山谷溪边林中或灌丛中。

华马钱（三脉马钱）

- 学名：*Strychnos cathayensis*
- 科属：马钱科马钱属

木质藤本。叶片近革质，长椭圆形至窄长圆形。聚伞花序顶生或腋生，着花稠密，花冠白色。浆果圆球状。花期4—6月，果期6—12月。生于山地疏林下或路边灌丛中。全株有毒；根、种子供药用，果实可作农药。

钩吻（大茶药）

◆ 学名：*Gelsemium elegans*
◆ 科属：钩吻科（马钱科）钩吻属

常绿木质藤本，长3~12m。叶片膜质、卵形、卵状长圆形或卵状披针形。花密集，组成三歧聚伞花序，花冠黄色，漏斗状。蒴果。花期5—11月，果期7月至翌年3月。生于山地灌丛中或林缘。全株有大毒，可致死；全株供药用。

尖山橙

- 学名：*Melodinus fusiformis*
- 科属：夹竹桃科山橙属

粗壮木质藤本，具乳汁。叶近革质，椭圆形或长椭圆形，稀椭圆状披针形。聚伞花序着花6~12朵，花冠白色。浆果橙红色，椭圆形。花期4—9月，果期6月至翌年3月。生于山地疏林中或山坡路旁。全株供药用。

链珠藤

- 学名：*Alyxia sinensis*
- 科属：夹竹桃科链珠藤属

藤状灌木，高达3m。叶革质，对生或3枚轮生，通常圆形或卵圆形、倒卵形，边缘反卷。聚伞花序，花小，花冠先淡红色后退变白色。核果卵形。花期4—9月，果期5—11月。生于矮林或灌木丛中。根民间入药。

蓝树

- **学名**：*Wrightia laevis*
- **科属**：夹竹桃科倒吊笔属

乔木，高8~20m。叶长圆状披针形或狭椭圆形至椭圆形，稀卵圆形。花白色或淡黄色，花冠漏斗状。蓇葖2个离生，圆柱状。花期4—8月，果期7月至翌年3月。生于山地疏林中或沟谷向阳处。叶浸水可得蓝色染料；根和叶供药用。紫金新记录。

羊角拗（羊角扭、断肠草）

♦ **学名：** *Strophanthus divaricatus*
♦ **科属：** 夹竹桃科羊角拗属

灌木，高达2m。叶薄纸质，椭圆状长圆形或椭圆形。聚伞花序，花黄色，花冠漏斗状，花冠裂片顶端延长成一长尾带状。蓇葖广叉开。花期3—7月，果期6月至翌年2月。生于路旁疏林中或山坡灌木丛中。全株有大毒，误食可致死；全株药用。

酸叶胶藤

- ◆ 学名：*Urceola rosea* (*Ecdysanthera rosea*)
- ◆ 科属：夹竹桃科水壶藤属（花皮胶藤属）

高攀木质大藤本，长达10m。叶纸质，阔椭圆形。聚伞花序圆锥状，多歧，顶生，着花多朵，花小，粉红色，花冠近坛状。蓇葖2枚。花期4—12月，果期7月至翌年1月。生于山地林中、路边或沟谷边。植株含胶质，为野生橡胶植物；全株供药用。

络石（万字茉莉）

- ◆ 学名：*Trachelospermum jasminoides*
- ◆ 科属：夹竹桃科络石属

常绿木质藤本，长达10m。叶革质或近革质，椭圆形至卵状椭圆形或宽倒卵形。二歧聚伞花序腋生或顶生，花白色，芳香。蓇葖双生，叉开。花期3—7月，果期7—12月。生于溪边、路旁、林缘或林中。根、茎、叶、果实入药；庭园中常见栽培。

帘子藤

- ◆ 学名：*Pottsia laxiflora*
- ◆ 科属：夹竹桃科帘子藤属

常绿攀缘灌木，长达9m。叶薄纸质，卵圆形、椭圆状卵圆形或卵圆状长圆形。总状式的聚伞花序腋生和顶生，多花，花冠紫红色或粉红色。蓇葖双生，线状长圆形。花期4—8月，果期8—10月。生于山地疏林中、山地路旁或灌木丛中。根和茎为民间草药。

长花厚壳树

- ◆ 学名：*Ehretia longiflora*
- ◆ 科属：紫草科厚壳树属

乔木，高5~10m。叶椭圆形、长圆形或长圆状倒披针形。聚伞花序，花冠白色，筒状钟形。核果淡黄色或红色。花期4月，果期6—7月。生山地路边、山坡疏林中。嫩叶可代茶用。

篱栏网（鱼黄草、茉栾藤）

- 学名：*Merremia hederacea*
- 科属：旋花科鱼黄草属

缠绕或匍匐草本。叶心状卵形，全缘或通常具不规则的粗齿或锐裂齿，有时为深或浅3裂。聚伞花序有3~5花，花冠黄色，钟状。蒴果。花果期10月至翌年3月。生于灌丛或路旁草丛中。

毛牵牛（心萼薯）

- 学名：*Ipomoea biflora* (*Aniseia biflora*)
- 科属：旋花科虎掌藤属（心萼薯属）

攀缘或缠绕草本，茎细长。叶心形或心状三角形，全缘或很少为不明显的3裂。花序腋生，通常着生2朵花，有时1或3，花冠白色。花果期9—12月。生于山坡、路旁或林下。茎、叶入药。

齿萼薯（龙骨萼牵牛、狭花心萼薯）

◆ **学名**：*Ipomoea fimbriosepala*
（*Ipomoea stenantha*、*Aniseia stenantha*）
◆ **科属**：旋花科虎掌藤属（心萼薯属）

缠绕草本。叶形多样，三角形或卵状三角状，基部耳形或近箭形，裂片钝。花1~2朵生于叶腋，花冠紫红色，漏斗状。蒴果圆锥状，种子黑褐色。花期9—10月，果期10—12月。生于路边灌丛中。紫金新记录。

七爪龙

◆ 学名：*Ipomoea mauritiana* (*Ipomoea digitata*)
◆ 科属：旋花科虎掌藤属

多年生大型缠绕草本。叶掌状5~7裂，裂至中部以下但未达基部，裂片披针形或椭圆形。聚伞花序少花至多花，淡红色或紫红色，漏斗状。蒴果。花期5—10月，果期秋季。生于山地疏林下、溪边或路边灌丛中。块根入药；可引种栽培观赏。

帽苞薯藤（盘苞牵牛）

- 学名：*Ipomoea pileata*
- 科属：旋花科虎掌藤属

一年生缠绕草本。叶心状卵形，顶端渐尖或骤然渐尖，基部心形。头状花序腋生，具菱形、舟状的总苞，花密集于总苞内呈头状，花冠淡红色，高脚碟状。蒴果球形。花果期8—12月。生于林缘、路旁等处。紫金新记录。

三裂叶薯（小花假番薯）

- 学名：*Ipomoea triloba*
- 科属：旋花科虎掌藤属

草本，茎缠绕或有时平卧。叶宽卵形至圆形，全缘、有粗齿或深3裂，基部心形。花序腋生，花冠漏斗状，淡红色或淡紫红色。蒴果近球形。花果期8月至翌年1月。原产热带美洲，现逸生于路旁或林缘。

清香藤

- 学名：*Jasminum lanceolaria*
- 科属：木樨科素馨属

大型攀缘灌木，长10~15m。三出复叶，小叶片椭圆形、长圆形、卵圆形、卵形或披针形，稀近圆形。复聚伞花序有花多朵，花芳香，白色，高脚碟状。果球形或椭圆形。花期4—10月，果期6月至翌年3月。生于林中或林缘。

小蜡

◆ 学名：*Ligustrum sinense*
◆ 科属：木樨科女贞属

落叶灌木或小乔木，高2~7m。叶片卵形、椭圆状卵形、长圆形、长圆状椭圆形至披针形，或近圆形。圆锥花序，花白色。果近球形。花期3—6月，果期9—12月。生于山坡、山谷或路边。树皮和叶入药；常见栽培，可作绿篱。

白蜡树

◆ 学名：*Fraxinus chinensis*
◆ 科属：木樨科梣属

落叶乔木，高10~12m。羽状复叶，小叶5~7枚，卵形、倒卵状长圆形至披针形，叶缘具整齐锯齿。圆锥花序，花雌雄异株，雄花花萼钟状，雌花花萼桶状。翅果匙形。花期4—5月，果期7—9月。生于山地林中。树皮入药。

异色线柱苣苔

◆ 学名：*Rhynchotechum discolor*
◆ 科属：苦苣苔科线柱苣苔属

　　小亚灌木，茎高25~45cm。叶互生，叶片纸质或草质，长圆状倒披针形、长圆形或狭椭圆形，边缘有不规则小牙齿。聚伞花序，花冠白色或带淡紫。浆果卵球形。花期6—9月，果期10—12月。生于山谷林中阴湿处。

芒毛苣苔

◆ 学名：*Aeschynanthus acuminatus*
◆ 科属：苦苣苔科芒毛苣苔属

附生小灌木，茎长约90cm。叶对生，薄纸质，长圆形、椭圆形或狭倒披针形，边缘全缘。花序生茎顶部叶腋，有1~3朵花，花冠红色或淡红绿色。蒴果线形。花期12月至翌年2月，果期3—5月。生于山谷林中树上或溪边石上。全株入药。

小花后蕊苣苔

- 学名：*Oreocharis acaulis*
- 科属：苦苣苔科马铃苣苔属

多年生草本。叶片纸质，卵形或狭卵形，基部宽楔形或圆形，边缘有小牙齿。花序1~3条，每花序有3~7花，花冠粉红色。花期4月。生于沟谷的土壁或覆土石壁上。紫金新记录。

东南石山苣苔（东南长蒴苣苔）

- **学名：** *Petrocodon hancei* (*Didymocarpus hancei*)
- **科属：** 苦苣苔科石山苣苔属（长蒴苣苔属）

多年生草本。叶4~16，均基生，叶片纸质，长圆形或长圆状椭圆形，边缘有密小牙齿。聚伞花序2~4条，花冠筒狭钟状。蒴果线形。花期4月左右。生于山坡覆土石上或石壁上。紫金新记录。

弯果奇柱苣苔

- 学名：*Deinostigma cyrtocarpum*
- 科属：苦苣苔科奇柱苣苔属

多年生草本。叶片狭到宽卵形或椭圆形，边缘有锯齿。聚伞花序，花冠深紫色，筒漏斗状，上部紫色，基部淡紫色。蒴果。花期约6—9月，果期秋季。生于山地沟谷的岩壁上。

伏胁花（黄花过长沙崮）

- 学名：*Mecardonia procumbens*
- 科属：车前科（玄参科）伏胁花属

铺散性小草本，多分枝。叶对生，椭圆形，叶缘具粗锯齿，基部渐狭。花腋生，苞片叶状，花冠黄色。蒴果。原产美洲，逸生于路边或草地中。

毛麝香

- 学名：*Adenosma glutinosum*
- 科属：车前科（玄参科）毛麝香属

直立草本，高30~100cm。叶对生，叶片披针状卵形至宽卵形，边缘具不整齐的齿。花单生，花冠紫红色或蓝紫色。蒴果卵形。花果期7—10月。生于疏林下或路边。全草药用。

球花毛麝香

◆ 学名：*Adenosma indianum*
◆ 科属：车前科（玄参科）毛麝香属

一年生草本，高19~60cm。叶片卵形至长椭圆形，钝头，边缘具锯齿。花无梗，排列成紧密的穗状花序，穗状花序球形或圆柱形，花冠淡蓝紫色至深蓝色。蒴果。花果期9—11月。生于溪旁、荒地或路边等处。

长蒴母草

- ◆ 学名：*Lindernia anagallis*
- ◆ 科属：母草科（玄参科）陌上菜属

一年生草本，长10~40cm。叶片三角状卵形、卵形或矩圆形，边缘有不明显的浅圆齿。花单生，花冠白色或淡紫色。蒴果。花期4—9月，果期6—11月。生于林边、溪旁及田野的较湿润处。全草入药。

刺齿泥花草

- ◆ 学名：*Lindernia ciliata*
- ◆ 科属：母草科（玄参科）陌上菜属

一年生草本，高达20cm。叶无柄或几无柄，叶片矩圆形至披针状矩圆形，边缘有紧密而带芒刺的锯齿。花冠小，浅紫色或白色。蒴果长荚状圆柱形。花果期夏季至冬季。生于草地、荒地和路旁等低湿处。紫金新记录。

荨麻母草

- 学名：*Lindernia elata*
- 科属：母草科（玄参科）陌上菜属

一年生直立草本，高可达40cm。叶片三角状卵形，宽几相等，顶端急尖，基部宽楔形至截形，缘每边有4~6枚锐锯齿。花数多，花冠小，紫色、紫红色或蓝色。蒴果。花期7—10月，果期9—11月。生于草地或山中路边。

细茎母草

- 学名：*Lindernia pusilla*
- 科属：母草科（玄参科）陌上菜属

一年生细弱草本，长6~30cm。叶片卵形至心形，偶有圆形，宽约相等或较狭，边缘有少数不明显波状细齿或几全缘。短缩的总状花序，有花3~5朵，花冠紫色。蒴果。花期5—9月，果期9—11月。生于水流旁潮湿处、林下。

旱田草

- 学名：*Lindernia ruellioides*
- 科属：母草科（玄参科）陌上菜属

一年生草本，高10~15cm。叶片矩圆形、椭圆形、卵状矩圆形或圆形，边缘除基部外密生整齐而急尖的细锯齿。总状花序有花2~10朵，花冠紫红色。蒴果。花期6—9月，果期7—11月。生于草地、路边及林下。全草入药。

光叶蝴蝶草（长叶蝴蝶草）

- 学名：*Torenia asiatica*
- 科属：母草科（玄参科）蝴蝶草属

一年生草本。叶片卵形或卵状披针形，两面疏被短糙毛，边缘具带短尖的锯齿或圆锯齿。花单生或3~5朵于近顶部的叶腋，花冠暗紫色。蒴果。花果期5—11月。生于沟边或路边湿润处。

黄花蝴蝶草

◆ 学名：*Torenia flava*
◆ 科属：母草科（玄参科）蝴蝶草属

直立草本，高25~40cm。叶片卵形或椭圆形，边缘具带短尖的圆齿。总状花序，花冠筒上端红紫色，下端暗黄色，花冠裂片4枚，黄色。蒴果。花果期6—11月。生于路边、林下溪旁湿处。

紫斑蝴蝶草

- ◆ 学名：*Torenia fordii*
- ◆ 科属：母草科（玄参科）蝴蝶草属

直立粗壮草本。叶片宽卵形至卵状三角形，边缘具三角状急尖的粗锯齿。总状花序，花冠黄色。蒴果圆柱状。花果期7—10月。生于路边、溪旁或疏林下。

紫萼蝴蝶草

- ◆ 学名：*Torenia violacea*
- ◆ 科属：母草科（玄参科）蝴蝶草属

直立或多少外倾，高8~35cm。叶片卵形或长卵形，边缘具略带短尖的锯齿。花冠淡黄色或白色，下唇三裂片左右各有1枚蓝紫色斑块，中裂片中央有1黄色斑块。蒴果。花果期8—11月。生于草地、林下及路旁潮湿处。

山牵牛（大花老鸦嘴）

- 学名：*Thunbergia grandiflora*
- 科属：爵床科山牵牛属

攀缘灌木。叶片卵形、宽卵形至心形，边缘有2~8个宽三角形裂片。花在叶腋单生或成顶生总状花序，冠檐蓝紫色，裂片圆形或宽卵形。蒴果具喙。花期秋季，果期秋至冬。生于山地灌丛中。花大美丽，常用于大型棚架绿化。紫金新记录。

拟地皮消（飞来蓝）

- **学名**：*Ruellia venusta* (*Leptosiphonium venustum*)
- **科属**：爵床科芦莉草属（拟地皮消属）

草本，高达60cm。叶矩圆状披针形，披针形或倒披针形，边略呈浅波状。花单生，花冠淡紫色，漏斗状，冠管细长。花期7—8月，果期秋季。生于林下、山坡草地或沟谷中。

板蓝（马蓝）

◆ 学名：*Strobilanthes cusia* (*Baphicacanthus cusia*)
◆ 科属：爵床科马蓝属（板蓝属）

草本，高约1m。叶纸质，椭圆形或卵形，边缘有稍粗的锯齿。穗状花序，花冠淡紫色，稍弯曲，檐部5裂。蒴果。花果期秋末至冬季。常生于潮湿地方。根、叶入药；花美丽，可栽培用于庭园绿化。

曲枝马蓝（曲枝假蓝）

- **学名**：*Strobilanthes dalzielii (Pteroptychia dalziellii)*
- **科属**：爵床科马蓝属（假蓝属）

多年生草本，高约1m，枝呈"之"字形曲折。叶卵形至卵状披针形，边缘有锯齿。穗状花序，花稀疏，花冠紫色、淡紫色或白色。蒴果。生于林下、林缘灌丛中。

四子马蓝

- **学名**：*Strobilanthes tetrasperma (Championella tetrasperma)*
- **科属**：爵床科马蓝属（黄猄草属）

直立或匍匐草本。叶纸质，卵形或近椭圆形，边缘具圆齿。穗状花序通常仅有花数朵，花冠淡红色或淡紫色。蒴果。花期秋季，果期冬季。生于沟谷溪边湿润处。紫金新记录。

小花十万错

- ◆ 学名：*Asystasia gangetica* subsp. *micrantha*
- ◆ 科属：爵床科十万错属

多年生草本植物，匍匐，茎长可达3m。叶卵形至长卵形，近全缘，绿色。花白色，2唇，上唇2裂，下唇3裂，中间唇瓣带紫色。花果期全年。产撒哈拉以南非洲。可于藤本园、生物园、姜园观赏。

白接骨

- ◆ 学名：*Asystasia neesiana* (*Asystasiella neesiana*)
- ◆ 科属：爵床科十万错属（白接骨属）

草本，茎高达1m。叶卵形至椭圆状矩圆形，边缘微波状至具浅齿。总状花序或基部有分枝，顶生，花单生或对生，花冠淡紫红色，漏斗状。蒴果。花期8—9月，果期秋季。生于林下或溪边。叶和根状茎入药。

圆叶挖耳草（圆叶狸藻）

♦ **学名：** *Utricularia striatula*
♦ **科属：** 狸藻科狸藻属

陆生小草本。假根少数，丝状。叶器多数，簇生成莲座状和散生于匍匐枝上，倒卵形、圆形或肾形。捕虫囊多数，斜卵球形。花序直立，花冠白色、粉红色或淡紫色。蒴果。花期6—10月，果期7—11月。生于潮湿的岩石上。

马鞭草

◆ 学名：*Verbena officinalis*
◆ 科属：马鞭草科马鞭草属

多年生草本，高30~120cm。叶片卵圆形至倒卵形或长圆状披针形，基生叶的边缘通常有粗锯齿和缺刻，茎生叶多数3深裂。穗状花序，花冠淡紫至蓝色。果长圆形。花期6—8月，果期7—10月。生于路边、溪边或林旁。全草供药用。

枇杷叶紫珠

◆ 学名：*Callicarpa kochiana*
◆ 科属：唇形科（马鞭草科）紫珠属

灌木，高1~4m。叶片长椭圆形、卵状椭圆形或长椭圆状披针形，边缘有锯齿。聚伞花序，花冠淡红色或紫红色。果实圆球形。花期7—8月，果期9—12月。生于山坡或谷地溪旁林中和灌丛中。根、叶可入药。

红紫珠

◆ 学名：*Callicarpa rubella*
◆ 科属：唇形科（马鞭草科）紫珠属

灌木，高约2m。叶片倒卵形或倒卵状椭圆形，边缘具细锯齿或不整齐的粗齿。聚伞花序，花冠紫红色、黄绿色或白色。果实紫红色。花期5—7月，果期7—11月。生于山坡、河谷的林中或灌丛中。叶入药。

黄荆

- 学名：*Vitex negundo*
- 科属：唇形科（马鞭草科）牡荆属

灌木或小乔木。掌状复叶，小叶5，少有3，小叶片长圆状披针形至披针形，全缘或每边有少数粗锯齿。聚伞花序排成圆锥花序式，花冠淡紫色。核果。花期4—6月，果期7—10月。生于山坡路旁或灌木丛中。茎、叶及种子入药；花和枝叶可提芳香油。

牡荆

- 学名：*Vitex negundo* var. *cannabifolia*
- 科属：唇形科（马鞭草科）牡荆属

落叶灌木或小乔木。叶对生，掌状复叶，小叶5，少有3，小叶片披针形或椭圆状披针形，边缘有粗锯齿。圆锥花序顶生，花冠淡紫色。果实近球形。花期6—7月，果期8—11月。生于山坡路边灌丛中。茎、叶及种子入药；花和枝叶可提芳香油。

灰毛大青

◆ **学名**：*Clerodendrum canescens*
◆ **科属**：唇形科（马鞭草科）大青属

灌木，高1~3.5m。叶片心形或宽卵形，少为卵形。聚伞花序密集成头状，花萼由绿变红色，钟状，花冠白色或淡红色。核果近球形。花果期4—10月。生于山坡路边或疏林中。全草入药。

臭牡丹

- ◆ **学名:** *Clerodendrum bungei*
- ◆ **科属:** 唇形科（马鞭草科）大青属

灌木，高1~2m。叶片纸质，宽卵形或卵形，边缘具粗或细锯齿。伞房状聚伞花序，花冠淡红色、红色或紫红色。核果。花果期5—11月。生于林缘、沟谷、路旁或人家附近。根、茎、叶入药。

白花灯笼（鬼灯笼）

- ◆ **学名:** *Clerodendrum fortunatum*
- ◆ **科属:** 唇形科（马鞭草科）大青属

灌木，高可达2.5m。叶纸质，长椭圆形或倒卵状披针形，少为卵状椭圆形，全缘或波状。聚伞花序具花3~9朵，花萼红紫色，花冠淡红色或白色稍带紫色。核果。花果期6—11月。生于丘陵、山坡、路边。

半枝莲

◆ 学名：*Scutellaria barbata*
◆ 科属：唇形科黄芩属

直立草本，高12~55cm。叶片三角状卵圆形或卵圆状披针形，有时卵圆形，边缘生有疏而钝的浅牙齿。花单生，花冠紫蓝色，冠檐2唇形。小坚果扁球形。花果期4—7月。生于溪边、路边或湿润草地上。民间常用草药。

韩信草

◆ 学名：*Scutellaria indica*
◆ 科属：唇形科黄芩属

多年生草本，茎高12~28cm。叶草质至近坚纸质，心状卵圆形或圆状卵圆形至椭圆形，边缘密生整齐圆齿。花在茎或分枝顶上排列成总状花序，花冠蓝紫色。小坚果卵形。花果期2—6月。生于林下、林缘或路旁。

水珍珠菜

◆ 学名：*Pogostemon auricularius*
◆ 科属：唇形科刺蕊草属

一年生草本，茎高0.4~2m。叶长圆形或卵状长圆形，边缘具整齐的锯齿。穗状花序，花冠淡紫至白色。小坚果近球形。花果期4—11月。生于疏林下湿润处或溪边近水潮湿处。全草入药。

广防风

◆ 学名：*Anisomeles indica* (*Epimeredi indica*)
◆ 科属：唇形科广防风属（印度广防风属）

草本，茎高1~2m。叶阔卵圆形，先端急尖或短渐尖，基部截状阔楔形，边缘有不规则的牙齿。轮伞花序，花冠淡紫色，冠檐二唇形。小坚果黑色。花期8—9月，果期9—11月。生于林缘或路旁。全草入药。

益母草（益母蒿）

◆ 学名：*Leonurus japonicus* (*Leonurus artemisia*)
◆ 科属：唇形科益母草属

一年生或二年生草本，通常高30~120cm。叶轮廓变化很大，茎下部叶轮廓为卵形，茎中部叶轮廓为菱形，基部狭楔形。轮伞花序具8~15花，花冠粉红至淡紫红色。小坚果。花期通常在6—9月，果期9—10月。生于路边、草地或田边等处。全草入药。

白花泡桐(泡桐)

- **学名:** *Paulownia fortunei*
- **科属:** 泡桐科（玄参科）泡桐属

乔木高达30m。叶片长卵状心脏形，有时为卵状心脏形。花序狭长几成圆柱形，小聚伞花序有花3~8朵，花白色仅背面稍带紫色或浅紫色。蒴果。花期3—4月，果期7—8月。生于山坡、林中、山谷或路边。花量大，常栽培观赏。

野菰

◆ 学名：*Aeginetia indica*
◆ 科属：列当科野菰属

一年生寄生草本，高15~50cm。叶小，不足1cm，肉红色，卵状披针形或披针形。花常单生茎端，稍俯垂，花紫红色、黄色或黄白色，具紫红色条纹。蒴果。花果期8—10月。生于山地路旁或草丛中。全株入药。

秤星树（梅叶冬青）

- **学名：** *Ilex asprella*
- **科属：** 冬青科冬青属

落叶灌木，高达3m。叶膜质，在长枝上互生，在缩短枝上，1~4枚簇生枝顶，卵形或卵状椭圆形，边缘具锯齿。花4或5基数，白色。果球形。花期3月，果期4—10月。生于山地疏林中或路旁灌丛中。根、叶入药。

毛冬青

◆ 学名：*Ilex pubescens*
◆ 科属：冬青科冬青属

常绿灌木或小乔木，高3~4m。叶生于1~2年生枝上，椭圆形或长卵形，边缘具疏而尖的细锯齿或近全缘。花簇生，花4或5基数，粉红色。果球形，成熟后红色。花期4—5月，果期8—11月。生于林中或林缘、灌木丛中及路边。可供观赏，常用于园林绿化。

铁冬青（救必应）

◆ 学名：*Ilex rotunda*
◆ 科属：冬青科冬青属

常绿灌木或乔木，高可达20m。叶片卵形、倒卵形或椭圆形，全缘。聚伞花序或伞形状花序具2~13花，花白色，4基数。果近球形或稀椭圆形，成熟时红色。花期4月，果期8—12月。生于山地林中和林缘。叶、树皮入药。

三花冬青

♦ **学名**：*Ilex triflora*
♦ **科属**：冬青科冬青属

常绿灌木或乔木，高2~10m。叶生于1~3年生的枝上，叶片近革质，椭圆形、长圆形或卵状椭圆形，边缘具近波状线齿。花4基数，白色或淡红色。果球形，成熟后黑色。花期5—7月，果期8—11月。生于山地林中或灌木丛中。

蓝花参

- 学名：*Wahlenbergia marginata*
- 科属：桔梗科蓝花参属

多年生草本，有白色乳汁。叶互生，下部的匙形、倒披针形或椭圆形，上部的条状披针形或椭圆形。花冠钟状，蓝色。蒴果。花果期不定。生于田边、路边和荒地中。根药用。

半边莲（急解索）

- 学名：*Lobelia chinensis*
- 科属：桔梗科半边莲属

多年生草本，高6~15cm。叶互生，椭圆状披针形至条形，全缘或顶部有明显的锯齿。花通常1朵，花冠粉红色或白色。蒴果。花果期5—10月。生于水田边、沟边及潮湿草地上。全草可供药用。

铜锤玉带草

- 学名：*Lobelia nummularia*
- 科属：桔梗科半边莲属

多年生草本，长12~55cm。叶互生，叶片圆卵形、心形或卵形，边缘有牙齿。花单生叶腋，花冠紫红色、淡紫色、绿色或黄白色。浆果，紫红色。花果期全年。生于田边、路旁以及疏林中的潮湿地。全草供药用。

卵叶半边莲（疏毛半边莲）

- ◆ 学名：*Lobelia zeylanica*
- ◆ 科属：桔梗科半边莲属

多汁草本，长60cm。叶螺旋状排列，叶片三角状阔卵形或卵形，边缘锯齿状。花单生叶腋，花冠紫色、淡紫色或白色，二唇形。蒴果。全年均可开花结果。生于田边、山谷沟边或路边等阴湿处。

泥胡菜

- ◆ 学名：*Hemisteptia lyrata* (*Hemistepta lyrata*)
- ◆ 科属：菊科泥胡菜属

一年生草本，高30~100cm。基生叶及中下部叶长椭圆形或倒披针形，全部叶大头羽状深裂或几全裂，侧裂片2~6对。头状花序，总苞片多层，小花紫色或红色。瘦果。花果期3—8月。生于山坡、林缘、林下、田边或路旁等处。

地胆草

◆ 学名：*Elephantopus scaber*
◆ 科属：菊科地胆草属

多年生草本，高20~60cm。基部叶花期生存，莲座状，匙形或倒披针状匙形，边缘具圆齿状锯齿。头状花序多数，花淡紫色或粉红色。瘦果。花期7—11月，果期秋至冬。生于路旁或山谷林缘。全草入药。

白花地胆草

◆ 学名：*Elephantopus tomentosus*
◆ 科属：菊科地胆草属

多年生草本，高0.8~1m或更高。叶散生于茎上，基部叶在花期常凋萎，下部叶长圆状倒卵形，上部叶椭圆形或长圆状椭圆形，全部叶具有小尖的锯齿，稀近全缘。头状花序，花冠白色。瘦果。花果期8月至翌年5月。生于路边或灌丛下。全株入药。

毒根斑鸠菊

- 学名：*Vernonia cumingiana*
- 科属：菊科铁鸠菊属

攀缘灌木或藤本，长3~12m。叶卵状长圆形、长圆状椭圆形或长圆状披针形，全缘或稀具疏浅齿。头状花序，花淡红或淡红紫色。瘦果。花果期10月至翌年4月。生于河边、溪边、山谷阴处灌丛中。根、茎有毒。

茄叶斑鸠菊

- 学名：*Vernonia solanifolia*
- 科属：菊科铁鸠菊属

直立灌木或小乔木，高8~12m，枝常呈攀缘状。叶卵形或卵状长圆形，全缘，浅波状或具疏钝齿。头状花序，花有香气，粉红色或淡紫色。瘦果。花果期11月至翌年4月。

常生于山谷疏林中。全草入药。

金钮扣（小铜锤）

◆ 学名：*Acmella paniculata* (*Spilanthes paniculata*)
◆ 科属：菊科金钮扣属（鸽笼菊属）

一年生草本，高15~80cm。叶卵形、宽卵圆形或椭圆形，全缘，波状或具波状钝锯齿。头状花序，花黄色，雌花舌状。瘦果。花果期4—11月。生于田边、沟边、溪旁潮湿地或路边。全草有小毒，供药用。

山蟛蜞菊

◆ 学名：*Indocypraea montana* (*Wedelia wallichii*)
◆ 科属：菊科山蟛蜞菊属（滨蔓菊属）

直立草本，茎高60~80cm。叶片卵形或卵状披针形，边缘有圆齿或细齿。头状花序较小，舌状花1层，黄色。瘦果。花期4—10月。生于溪边、路旁或山区沟谷中。有毒，误食可致死。

蝶花荚蒾

- 学名：*Viburnum hanceanum*
- 科属：五福花科（忍冬科）荚蒾属

灌木，高达2m。叶纸质，圆卵形、近圆形或椭圆形，有时倒卵形。聚伞花序伞形式，外围有2~5朵白色、大型的不孕花，可孕花花冠黄白色。果实红色。花期4—5月，果熟期8—9月。生于山谷溪流旁或灌木丛之中。花美丽，可栽培观赏。

南方荚蒾（东南荚蒾）

- ◆ **学名**：*Viburnum fordiae*
- ◆ **科属**：五福花科（忍冬科）荚蒾属

灌木或小乔木，高可达5m。叶纸质至厚纸质，宽卵形或菱状卵形，边缘基部除外常有小尖齿。聚伞花序，可孕花白色，辐状，无不孕花。果实红色，卵圆形。花期4—5月，果熟期10—11月。生于疏林、山坡灌丛中。

吕宋荚蒾

- ◆ **学名**：*Viburnum luzonicum*
- ◆ **科属**：五福花科（忍冬科）荚蒾属

灌木，高达3m。叶纸质或厚纸质，卵形、椭圆状卵形、卵状披针形至矩圆形，有时带菱形。聚伞花序，花冠白色，辐状。果实红色，卵圆形。花期4月，果熟期10—12月。生于疏林和山坡灌丛中。可栽培观赏。

珊瑚树（早禾树）

◆ 学名：*Viburnum odoratissimum*
◆ 科属：五福花科（忍冬科）荚蒾属

　　常绿灌木或小乔木，高达10~15m。叶革质，椭圆形至矩圆形或矩圆状倒卵形至倒卵形，有时近圆形。圆锥花序，花芳香，白色，后变黄白色。果实先红色后变黑色。花期4—5月，果熟期7—9月。生于疏林、灌丛中或路边。根和叶入药；可用于园林绿化。

常绿荚蒾（坚荚蒾）

- 学名：*Viburnum sempervirens*
- 科属：五福花科（忍冬科）荚蒾属

常绿灌木，高可达4m。叶革质，椭圆形至椭圆状卵形，较少宽卵形，有时矩圆形或倒披针形。聚伞花序，花冠白色，辐状。果实红色，卵圆形。花期5月，果熟期10—12月。生于沟谷、疏林及灌丛中。可栽培用于庭园绿化。

华南忍冬（大金银花）

◆ 学名：*Lonicera confusa*
◆ 科属：忍冬科忍冬属

半常绿藤本。叶纸质，卵形至卵状矩圆形。花有香味，双花腋生或于小枝或侧生短枝顶，花冠白色，后变黄色。果实黑色。花期4—5月，果熟期10月。生于山坡、林中和灌丛中。花、藤及叶入药。

光叶海桐

◆ 学名：*Pittosporum glabratum*
◆ 科属：海桐科海桐属

常绿灌木，高2~3m。叶聚生于枝顶，薄革质，窄矩圆形，或为倒披针形。花序伞形，多花，花瓣分离，黄色。蒴果，种子红色。花期4—5月，果期秋后。生于常绿林下或疏林中。根供药用。

穗序鹅掌柴

- ◆ **学名：** *Heptapleurum delavayi* (*Schefflera delavayi*)
- ◆ **科属：** 五加科鹅掌柴属（南鹅掌柴属）

乔木或灌木，高3~8m。叶有小叶4~7，小叶片纸质至薄革质，稀革质，形状变化很大。花无梗，密集成穗状花序，花白色。果实球形。花期10—11月，果期翌年1月。生于山谷溪边或阴湿的林缘。根皮及叶为民间常用草药。

鹅掌柴（鸭脚木）

- ◆ **学名：** *Heptapleurum heptaphyllum* (*Schefflera octophylla*)
- ◆ **科属：** 五加科鹅掌柴属（南鹅掌柴属）

乔木或灌木，高2~15m。叶有小叶6~9，最多至11，小叶片纸质至革质，椭圆形、长圆状椭圆形或倒卵状椭圆形，稀椭圆状披针形。圆锥花序顶生，花白色。果实球形，黑色。花期11—12月，果期12月。生于林中。为著名蜜源植物；叶及根皮入药。

中华常春藤（常春藤）

◆ 学名：*Hedera nepalensis* var. *sinensis*
◆ 科属：五加科常春藤属

常绿攀缘灌木，茎长3~20m。叶片革质，三角状、椭圆形、菱形至箭形均有，边缘全缘或3裂。伞形花序，花淡黄白色或淡绿白色。果实红色或黄色。花期9—11月，果期翌年3—5月。常攀缘于林缘树木、岩石上。全株供药用；可用于庭园绿化。

积雪草（崩大碗）

- 学名：*Centella asiatica*
- 科属：伞形科积雪草属

多年生草本。叶片膜质至草质，圆形、肾形或马蹄形，边缘有钝锯齿。伞形花序梗2~4个，花瓣卵形，紫红色或乳白色。果实两侧扁压，圆球形。花果期4—10月。喜生于阴湿的草地或水沟边。全草入药。

水芹（野芹菜）

- 学名：*Oenanthe javanica*
- 科属：伞形科水芹属

多年生草本，高15~80cm。叶片轮廓三角形，1~2回羽状分裂，末回裂片卵形至菱状披针形。复伞形花序，花白色。果椭圆形。花期6—7月，果期8—9月。生于浅水低洼地方或池沼、水沟旁。茎叶可作蔬菜食用；全草民间也作药用。

附录：东江林场常见栽培观赏植物

罗汉松

- ◆ 学名：*Podocarpus macrophyllus*
- ◆ 科属：罗汉松科罗汉松属

乔木，高达20m。叶螺旋状着生，条状披针形，微弯。雄球花穗状，常3~5个簇生于极短的总梗上，雌球花单生叶腋。种子卵圆形，熟时肉质假种皮紫黑色，种托肉质圆柱形，红色或紫红色。花期4—5月，种子8—9月成熟。生于长江流域及以南地区。

竹柏

- ◆ 学名：*Nageia nagi*
- ◆ 科属：罗汉松科竹柏属

乔木，高达20m。叶对生，革质，长卵形、卵状披针形或披针状椭圆形。雄球花穗状圆柱形，单生叶腋，雌球花单生叶腋，稀成对腋生。种子圆球形，成熟时假种皮暗紫色。花期3—4月，种子10月成熟。产于我国南方，日本也有。

醉香含笑（火力楠）

◆ 学名：*Michelia maccurei*
◆ 科属：木兰科含笑属

乔木，高达30m。叶革质，倒卵形、椭圆状倒卵形、菱形或长圆状椭圆形。花被片白色，通常9片，花芳香。蓇葖果。花期3—4月，果期9—11月。产于我国广东、广西及越南。

彩叶芋（花叶芋、五彩芋）

- **学名：** *Caladium bicolor*
- **科属：** 天南星科五彩芋属

宿根草本，块茎扁球形。叶片表面满布各色透明或不透明斑点，背面粉绿色，戟状卵形至卵状三角形。佛焰苞管部卵圆形，外面绿色，内面绿白色、基部常青紫色，肉穗花序。花期5月。产于美洲。

'红叶'朱蕉

- 学名:*Cordyline fruticosa* **'Rubra'**
- 科属:天门冬科(百合科)朱蕉属

灌木状,高1~3m。叶聚生于茎或枝的上端,矩圆形至矩圆状披针形,紫红色。圆锥花序,花淡红色。花期11月至翌年3月。栽培品种。

散尾葵

- 学名:*Dypsis lutescens* (*Chrysalidocarpus lutescens*)
- 科属:棕榈科马岛椰属(散尾葵属)

丛生灌木,高2~5m。叶羽状全裂,平展而稍下弯,披针形,先端长尾状渐尖并具不等长的短2裂。花序呈圆锥式,花小、卵球形、金黄色。果实鲜时土黄色。花期5月,果期8月。原产于马达加斯加。

姜荷花

◆ 学名：*Curcuma alismatifolia*
◆ 科属：姜科姜黄属

多年生球根草本，高30~80cm。叶基生，长椭圆形，革质，亮绿色，顶端渐尖。穗状花序，上部苞叶桃红色、绿色、粉红色等，下部为蜂窝状绿色苞片，小花紫色或白色等。产于南亚。

壳菜果（米老排）

◆ 学名：*Mytilaria laosensis*
◆ 科属：金缕梅科壳菜果属

常绿乔木，高达30m。叶革质，阔卵圆形，全缘，或幼叶先端3浅裂。肉穗状花序，花多数，花瓣带状舌形，白色。蒴果。花期5月，果期9—10月。产于广东、广西及云南，越南及老挝也有。

红花檵木(红花继木)

- 学名：*Loropetalum chinense* var. *rubrum*
- 科属：金缕梅科檵木属

灌木，有时为小乔木。叶革质，卵形，全缘，紫色或淡紫色。花3~8朵簇生，紫红色。蒴果。花期3—4月，果期夏季。产于湖南。

洋紫荆（宫粉羊蹄甲）

◆ 学名：*Bauhinia variegata*
◆ 科属：豆科羊蹄甲属

　　落叶乔木。叶近革质，广卵形至近圆形。总状花序多少呈伞房花序式，花瓣紫红色或淡红色，杂以黄绿色及暗紫色的斑纹，能育雄蕊5，退化雄蕊1~5。荚果带状。花期全年，3—4月最盛。产于我国南部，印度、中南半岛也有分布。

短萼仪花

- 学名：*Lysidice brevicalyx*
- 科属：豆科仪花属

乔木，高10~20m。小叶3~5对，近革质，长圆形、倒卵状长圆形或卵状披针形。圆锥花序，苞片及小苞片白色，花瓣倒卵形，紫色。荚果长圆形或倒卵状长圆形。花期4—5月，果期8—9月。产于广东、香港、广西、贵州及云南等。

格木

- ◆ 学名：*Erythrophleum fordii*
- ◆ 科属：豆科格木属

乔木，通常高约10m，有时可达30m。叶互生，二回羽状复叶，羽片通常3对，对生或近对生，每羽片有小叶8~12片。穗状花序，花瓣5，淡黄绿色。荚果。花期5—6月，果期8—10月。产于广东、广西、福建、台湾及浙江，越南也有。

大叶相思（耳叶相思）

- ◆ 学名：*Acacia auriculiformis*
- ◆ 科属：豆科相思树属

常绿乔木。叶状柄镰状长圆形，两端渐狭，比较显著的主脉有3~7条。穗状花序，花橙黄色。荚果成熟时旋卷。花果期秋至冬。广东、广西、福建有引种，原产于澳大利亚及新西兰。材用或绿化树种。

降香（降香黄檀）

- 学名：*Dalbergia odorifera*
- 科属：豆科黄檀属

乔木，高10~15m。羽状复叶，小叶3~6对，近革质，卵形或椭圆形。圆锥花序，花冠乳白色或淡黄色。荚果。花期4—6月，果期夏季。产于海南。

白灰毛豆

- 学名：*Tephrosia candida*
- 科属：豆科灰毛豆属

灌木状草本，高1~3.5m。羽状复叶，小叶8~12对，长圆形。总状花序顶生或侧生，疏散多花，花冠白色、淡黄色或淡红色。荚果线形。花期10—11月，果期12月。原产于印度东部和马来半岛，我国南方部分地区逸生。

高山榕

- 学名：*Ficus altissima*
- 科属：桑科榕属

大乔木，高25~30m。叶厚革质，广卵形至广卵状椭圆形，全缘。榕果成对腋生，椭圆状卵圆形。雄花花被片4，雌花花被片与瘿花同数。瘦果。花期3—4月，果期5—7月。产于海南、广西、四川及云南，南亚及东南亚也有。

细叶萼距花

- 学名：*Cuphea hyssopifolia*
- 科属：千屈菜科萼距花属

常绿矮灌木，多分枝，高20~50cm。叶小，对生或近对生，纸质，狭长圆形至披针形，顶端稍钝或略尖，基部钝，稍不等侧，全缘。花单朵，腋外生，紫色或紫红色，花瓣6片。蒴果。花期全年。原产于墨西哥。

红果仔

- ◆ 学名：*Eugenia uniflora*
- ◆ 科属：桃金娘科番樱桃属

灌木或小乔木，高可达5m。叶片纸质，卵形至卵状披针形。花白色，稍芳香，单生或数朵聚生于叶。浆果球形，熟时深红色。花期2—3月，果期4—5月。原产于巴西。果肉多汁，稍带酸味，可食。

巴西野牡丹

- ◆ 学名：*Pleroma semidecandrum* (*Tibouchina semidecandra*)
- ◆ 科属：野牡丹科光荣树属（蒂牡花属）

常绿小灌木，高0.5~1.5m。叶对生，长椭圆形至披针形，全缘。花顶生，大型，深紫蓝色，花萼5，红色。蒴果杯状球形。1年可多次开花，以春夏季开花较为集中。产于巴西低海拔山区及平地。

无患子

◆ **学名**：*Sapindus saponaria* (*Sapindus mukorossi*)
◆ **科属**：无患子科无患子属

落叶大乔木，高可达20余m。偶数羽状复叶，小叶5~8对，通常近对生，长椭圆状披针形或稍呈镰形。花序顶生，花小，花瓣5。果球形，橙黄色。花期春季，果期夏秋。产于我国东部、南部至西南部。

麻楝

◆ **学名**：*Chukrasia tabularis*
◆ **科属**：楝科麻楝属

乔木，高达25m。叶通常为偶数羽状复叶，小叶10~16枚，互生，纸质，卵形至长圆状披针形。圆锥花序顶生，花瓣黄色或略带紫色，长圆形。蒴果。花期4—5月，果期7月至翌年1月。产于广东、广西、云南和西藏，南亚及东南亚也有。

槭叶酒瓶树（澳洲火焰木）

- 学名：*Brachychiton acerifolius*
- 科属：锦葵科（梧桐科）酒瓶树属

落叶乔木，高达18~20m。叶近圆形，掌状5~7深裂，裂片长椭圆状披针形至菱形，光滑，叶柄细长。总状花序，先叶开放，花鲜红色。蓇葖果，船形，木质。花期春夏季，果期夏秋。原产于澳大利亚。

美丽异木棉（美人树）

- 学名：*Ceiba speciosa*
- 科属：锦葵科（木棉科）吉贝属

落叶乔木，高10~15m，树干下部膨大，幼树树皮浓绿色，密生圆锥状皮刺。掌状复叶，小叶5~9，椭圆形。花单生，花冠淡紫红色，中心有白、粉红、黄色等。蒴果椭圆形。花期秋冬季，果期春季。产于南美洲。

附录：东江林场常见栽培观赏植物

扶桑（朱槿、大红花）

- 学名：*Hibiscus rosa-sinensis*
- 科属：锦葵科木槿属

常绿灌木，高约1~3m。叶阔卵形或狭卵形，边缘具粗齿或缺刻。花单生于上部叶腋间，常下垂，花冠漏斗形，颜色各种，以红色居多。蒴果。花期全年。热带及亚热带广为栽培，原产地不明。

叶子花（三角梅）

- 学名：*Bougainvillea* spp.
- 科属：紫茉莉科叶子花属

灌木或小乔木，有时攀缘。叶互生，叶片卵形或椭圆状披针形。花两性，通常3朵簇生枝端，外包3枚鲜艳的叶状苞片，红色、紫色、橘色或复色，花被合生成管状，顶端玫瑰色或黄色。瘦果。花期几乎全年，原产于南美，现栽培的大多为杂交种。

银木荷

◆ 学名：*Schima argentea*
◆ 科属：山茶科木荷属

乔木。叶厚革质，长圆形或长圆状披针形，全缘。花数朵生枝顶，苞片2，卵形，萼片圆形，花瓣白色。蒴果。花期7—8月。产于四川、云南、贵州、湖南。

山茶

- ◆ 学名：*Camellia japonica*
- ◆ 科属：山茶科山茶属

灌木或小乔木，高9m。叶革质，椭圆形，边缘有相隔2~3.5cm的细锯齿。花顶生，红色，花瓣6~7片。蒴果圆球形质。花期1—4月，果期春末至夏季。四川、台湾、山东、江西等地有野生，国内广泛栽培，品种繁多，色泽因品种不同而异。

长隔木（希茉莉）

◆ 学名：*Hamelia patens*
◆ 科属：茜草科长隔木属

灌木，高2~4m。叶通常3枚轮生，椭圆状卵形至长圆形。聚伞花序，花冠橙红色，冠管狭圆筒状。浆果卵圆状，暗红色或紫色。花期几乎全年。原产于巴拉圭等拉丁美洲各国。

龙船花

◆ 学名：*Ixora chinensis*
◆ 科属：茜草科龙船花属

灌木，高0.8~2m。叶对生，有时近4枚轮生，披针形、长圆状披针形至长圆状倒披针形。花序顶生，多花，花冠红色或红黄色。果近球形。花期5—7月，果期秋季。产于福建、广东、香港、广西，南亚及东南亚也有。

灰莉

- **学名：** *Fagraea ceilanica*
- **科属：** 龙胆科（马钱科）灰莉属

乔木，高达15m。叶片稍肉质，椭圆形、卵形、倒卵形或长圆形。花冠漏斗状，稍带肉质，白色，后变为黄色，芳香。浆果卵状或近圆球状。花期4—8月，果期7月至翌年3月。产于台湾、海南、广东、广西和云南，南亚、东南亚也有。

红鸡蛋花

- 学名：*Plumeria rubra*
- 科属：夹竹桃科鸡蛋花属

小乔木，高达5m。叶厚纸质，长圆状倒披针形，顶端急尖，基部狭楔形。聚伞花序顶生，花冠深红色。蓇葖双生，广歧。花期3—9月，栽培极少结果。原产于南美洲，现广植于亚洲热带和亚热带地区。

海杧果（海芒果）

- 学名：*Cerbera manghas*
- 科属：夹竹桃科海杧果属

乔木，高4~8m。叶厚纸质，倒卵状长圆形或倒卵状披针形，稀长圆形。花白色，芳香，喉部染红色。核果。花期3—10月，果期7月至翌年4月。产于广东南部、广西南部、台湾和海南，亚洲热带及澳大利亚也有。全株有大毒，可致死。

'花叶'小蜡

- 学名: *Ligustrum sinense* 'Variegatum'
- 科属: 木樨科女贞属

半常绿灌木或小乔木，高2~7m。叶卵形、椭圆状卵形至披针形，叶边缘乳黄色或叶面有乳黄色斑块。花白色，圆锥花序。核果球形，黑色。花期3—6月，果期9—12月。园艺种。

桂花（木犀）

- 学名: *Osmanthus fragrans*
- 科属: 木樨科木樨属

常绿乔木或灌木，高3~5m。叶片革质，椭圆形、长椭圆形或椭圆状披针形，全缘或通常上半部具细锯齿。聚伞花序，花芳香，黄白色、淡黄色、黄色或橘红色。果椭圆形。花期9—10月上旬，部分品种全年开花，果期翌年3月。产于我国西南部。

蓝花草（翠芦莉）

- ◆ 学名：*Ruellia simplex*（*Ruellia brittoniana*）
- ◆ 科属：爵床科芦莉草属

多年生常绿草本或亚灌木，株高可达1m。叶披针形，主脉淡紫色，边缘浅波状。花序腋生，花萼5深裂，花冠漏斗状，5裂，蓝色、粉红或白色。蒴果。花期春至夏。产于墨西哥。

黄花风铃木

◆ **学名**：*Handroanthus chrysanthus*
◆ **科属**：紫葳科风铃木属

落叶或半常绿乔木，高4~6m。掌状复叶对生，小叶4~5枚，倒卵形，有疏锯齿，被褐色细茸毛。花冠漏斗形，风铃状，皱曲，花色鲜黄。蓇葖果。花期2—4月，果期4—5月。产于美洲。

紫花风铃木（粉花风铃木）

- 学名：*Handroanthus impetiginosus*
- 科属：紫葳科风铃木属

落叶大乔木，高达25m。掌状复叶，小叶常5枚，长椭圆形至卵形。顶生短总状花序具花10~20朵，花冠漏斗状，紫红色带橘黄色晕，喉部常黄色。蒴果。盛花期春季。原产于中南美洲。

'金叶'假连翘

◆ 学名：*Duranta erecta* 'Golden Leaves'
◆ 科属：马鞭草科假连翘属

常绿灌木，高1.5~3m。单叶对生，卵状椭圆形或卵状披针形，叶金黄色，老叶转绿，全缘或中部以上有锯齿。总状花序顶生或腋生，花冠浅蓝紫色。核果球形，熟时橘黄色。花果期5—10月或终年开花。原产于热带美洲。

柚木

◆ 学名：*Tectona grandis*
◆ 科属：唇形科（马鞭草科）柚木属

大乔木，高达40m。叶对生，厚纸质，全缘，卵状椭圆形或倒卵形。圆锥花序，花有香气，花冠白色。核果球形。花期8月，果期10月。产于印度、缅甸、马来西亚和印度尼西亚。

鹅掌藤

◆ 学名：*Heptapleurum arboricola*
◆ 科属：五加科鹅掌柴属

藤状灌木，高2~3m。叶有小叶7~9，稀5~6或10。小叶片革质，倒卵状长圆形或长圆形，边缘全缘。圆锥花序顶生，花白色。果实卵形。花期7月，果期8月。产于台湾、广西及海南。

澳洲鸭脚木（辐叶鹅掌柴）

- 学名：*Schefflera actinophylla*
- 科属：五加科南鹅掌柴属

常绿乔木，高达15m。掌状复叶，小叶数随成长变化很大，幼树时4~5片，长大时5~7片，至乔木时可多达16片，小叶长椭圆形。花小，红色，总状花序，斜立于株顶。核果。花期夏至秋。原产于澳大利亚。